生命周期评价在我国
水产养殖中的应用与案例

侯昊晨　王　伟　韩丰繁　著

中国农业出版社

北　京

中国作为全球最大的水产养殖生产国，在保障全球粮食安全方面贡献巨大。然而，随着产业规模的不断扩大，水产养殖带来的资源环境问题逐渐凸显，如资源能源消耗高、养殖尾水排放不规范、温室气体排放量大等，这些问题严重制约了水产养殖业的绿色健康发展。生命周期评价（Life Cycle Assessment，LCA）作为一种能有效评估环境影响的方法，已在水产养殖领域得到广泛应用，以识别水产养殖过程的环境影响基本规律与关键因素。但目前水产养殖的 LCA 研究在我国的应用尚处在起步阶段。基于此，本书系统阐述 LCA 在水产养殖中的应用现状，通过剖析不同养殖品种和生产环节，精准识别环境影响关键因素，为水产行业的可持续发展提供科学依据和实践指导。

本书内容丰富：绪论部分介绍了中国水产养殖行业现状，全面展示了国内外水产养殖 LCA 研究的发展态势、研究热点及未来研究趋势。在后续章节中，本书选取了多个具有代表性的案例进行深入分析，如红鳍东方鲀陆海接力养殖、增氧机制造、大口黑鲈池塘养殖以及大菱鲆工厂化流水养殖等。通过明确各养殖过程或产品的环境影响关键因素，提出了相应的改进措施和建议。

本书适用于对水产养殖和环境科学感兴趣的广大读者：水产养殖行业从业者可由此深入了解养殖过程中的环境影响，从而优化养殖模式；环境科学领域的研究人员可从中获取新的研究思路和方法；政府部门人员能以此为依据制定更合理的水产养殖环境政策；

高校水产养殖、环境科学等专业的师生也可将其作为学习和研究的参考资料，提升专业素养。本书内容涵盖全面，从理论研究到实际案例分析，层层递进，逻辑严谨。丰富的案例为读者提供了直观的实践参考，每个案例的数据均来源于实际调研和专业数据库，保证了研究结果的准确性和可靠性。

本书撰写过程中，大连海洋大学王伟教授提供了技术支持并参与审核；大连海洋大学韩丰繁参与了书稿撰写及统稿的相关工作。本书的相关研究得到了辽宁省科技重大专项-北方海洋经济动物种质创新与应用（项目编号：2024JH1/11700010）的资助，为工作的顺利开展提供了资金支持。在此，衷心感谢资助机构的支持，以及在研究过程中提供帮助的企业和专家学者。

著 者

2025 年 6 月

CONTENTS 目 录

1 绪　论

1.1 研究背景和意义

1.1.1 我国水产养殖行业现状及生命周期评价

随着产量的快速增长以及生产技术、饲料成分、养殖管理及供应链的变化，水产养殖业已成为全球迅速发展的行业之一，并逐步融入全球粮食体系。2020 年世界水产养殖产量达到 1.126 亿 t，水产养殖对全球水生动物产量的贡献率达 49.2%，均创历史新高[1]，这有助于维持未来的全球粮食安全。中国是全球最大的水产养殖国家，2020 年中国水产养殖产量为 5 224.2 万 t[2]，约占世界水产养殖产量的 46.4%，在几乎所有水产养殖生产领域都发挥着重要作用[3]，并在中国食物供给、粮食安全、满足人民对优质水产品的需求及保障优质蛋白质供给等方面做出了重要的贡献。

然而，随着生产规模的扩大和集约化水平的不断提高，水产养殖对我国生态环境的影响也不容忽视。一方面，目前大多数水产养殖企业能源类型仍以煤炭及电力为主，普遍存在资源能源消耗高的问题，直接或间接导致一定量的温室气体排放。另一方面，我国水产养殖模式仍以粗放型养殖为主，不规范的养殖习惯导致养殖尾水污染物浓度高，而大多数水产养殖场尾水排放没有明确的排污口，这增加了尾水质量检测及治理的难度。此外，过高的养殖密度会引发病害加剧，进而导致养殖化学品滥用的行业乱象，造成了近岸养殖生态环境失衡及食品安全问题，上述问题均制约着我国水产养殖业的绿色健康发展。

生命周期评价（life cycle assessment，LCA）是一种对产品或服务在其整个生命周期生产过程所产生的环境影响进行量化评估的分析方法[4]。经过多年发展，LCA 已在国内外工业生产领域广泛应用，以此评估工业生产所造成的环境影响，并为企业实施环境影响改进措施提供决策依据。由于 LCA 方法是从生产过程全局考虑和评估资源环境问题，同样能够有效识别水产养殖系统的环境影响关键因素并发掘预防污染的机会，为水产养殖提升环境绩效提供决策支持与实施途径，因此该方法目前已成为全球政府水产部门和企业制定产业发展宏观环境政策最为行之有效的工具之一[5]。

本章以生命周期评价在国内外水产养殖环境影响评估的应用为切入点，首先采用文献计量分析方法全面综述国内外水产养殖生命周期评价研究情况，然后将相关研究内容依据《中国渔业统计年鉴》对水产养殖产品的分类方式，归纳整理成鱼类、甲壳类、贝类、藻类及其他养殖类群 LCA 研究 5 个方面，分别梳理各类水产养殖品种的研究进展及环境影响基本规律，最后对未来水产养殖生命周期评价的研究趋势进行讨论与展望，以期为我国水产养殖 LCA 研究的创新发展提供借鉴与参考。

1.1.2 水产养殖 LCA 研究文献计量分析

针对水产养殖 LCA 相关研究，以 Web of Science（WOS）核心合集数据库为基础，筛选于 2000 年 1 月 1 日至 2024 年 12 月 30 日发表的相关论文，共搜索到文献资料 435 篇。后经过人工筛选，共筛选出相关文献 346 篇。2004 年水产养殖 LCA 相关研究内容发表了第一篇文章，随后发文量呈现逐年增加趋势，至 2022 年达到发文量最多的 49 篇。其中发文量最多的三个出版刊物分别为 *Journal of Cleaner Production*、*International Journal of Life Cycle Assessment* 以及 *Aquaculture*。发文量位列前三的作者分别为 Aubin Joel、Feijoo Gumersindo 及 Moreira Mt，发文量前三的国家分别为中国、美国、法国，我国发文量位列第一，发文数量为 84 篇。使用 VOSviewer 软件对 340 篇文献进行关键词共现分析，其中出现频度最多的关键词是 "life cycle assessment" "aquaculture" "environmental impacts" "sustainability" "fish" 及 "microalgae" 等，如图 1.1 所示。可见目前水产养殖 LCA 的研究主要关注的热点问题是环境影响及可持续发展，研究的对象主要集中在鱼类及微藻（microalgae）。

针对中文水产养殖 LCA 文献，以中国知网数据库为基础，主题词设定为"水产生命周期评价"，筛选时间设定为 2000 年 1 月 1 日至 2024 年 12 月 30 日，共搜索到各类论文 37 篇，经过人工筛选共筛选出相关文献 25 篇。其中 17 篇来自上海海洋大学、中国海洋大学、大连理工大学等高校的硕博士论文，7 篇来源于期刊文章，分别是《中国渔业经济》《大连海洋大学学报》《农业环境科学学报》及《生态与农村环境学报》等期刊，1 篇来源于会议论文集。25 篇文献的关键词共现分析表

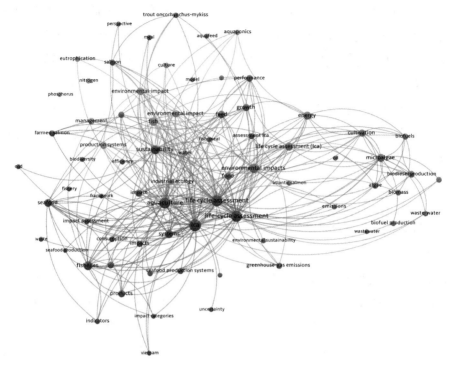

图 1.1　英文 LCA 研究文献关键词共现分析

明，出现频度最多的关键词是"生命周期评价""养殖模式""环境影响""水产养殖"等。

1.2　不同分类水产养殖 LCA 研究进展

1.2.1　鱼类养殖 LCA 研究

目前，国内外鱼类养殖 LCA 发表的研究论文较多，由于大西洋鲑（*Salmo salar*）是全球最有经济价值的海水养殖品种之一，因此针对该品种开展的 LCA 研究文献最多。第一篇鱼类养殖 LCA 研究文献的内容是 2004 年 Papatryphon 等[6]针对法国虹鳟（*Oncorhynchus mykiss*）饲料生产的环境影响评估。随后的研究者首先关注的是单一水产品养殖系统的生命周期环境影响评价，如芬兰虹鳟养殖系统[7]及全球大西洋鲑养殖系统[8]。随着全球鱼类养殖集约化水平和系统复杂度的提高，鱼类养殖 LCA 研究开始向更广泛的系统边界拓展，Aubin 等[9]对挪威、英国、加拿大和智利大西洋鲑养殖系统的环境影响进行对比分析，指出单位生产排放量在不同地区之间存在显著差异。此外，Aubin 等[10]也针对不同区域肉食性有鳍鱼养殖系统进行了生命周期对比分析，评价内容包括法国淡水虹鳟养殖系统、希腊深海网箱欧洲舌齿鲈（*Dicentrarchus labrax*）养殖系统及法国大菱鲆（*Scophtalmus maximus*）陆基循环水养殖系统。陈中祥等[11]以黑龙江省和北京市虹鳟养殖为例开展了 LCA 对比分析，结果表明工厂化循环水养殖模式环境影响最小。近年来基于鱼类养殖技术的不断创新研发，众多新兴鱼类品种逐步实现了规模化生产，在此基础上国内外科研工作者分别对鳗鲇（*Pangasianodon hypophthalmus*）[12-15]、欧洲舌齿鲈[16-17]、尼罗罗非鱼（*Oreochromis niloticus*）[18]、大黄鱼（*Larimichthys crocea*）[19]、鲤（*Cyprinus carpio*）[20-22]及红鳍东方鲀（*Takifugu rubripes*）[23]等鱼类养殖品种开展了 LCA 研究，分析了各类养殖鱼种的环境影响，并分别提出了有针对性的环境影响改进措施和决策建议，使水产养殖 LCA 研究数量大大增加，并为鱼类养殖环境绩效的量化评估及持续改进提供了借鉴与参考。

1.2.2 甲壳类养殖 LCA 研究

国内外甲壳类养殖 LCA 研究相对较少，研究对象主要集中在凡纳滨对虾（*Litopenaeus vannamei*）及斑节对虾（*Penaeus monodon*）。第一篇关于甲壳类养殖 LCA 的研究是 2006 年由 Mungkung 等[24]发表的针对泰国虾养殖系统开展的生命周期分析，并探讨了在发展中国家将 LCA 作为制定生态标准的潜力和局限性。Cao 等[25]对中国对虾（*Fenneropenaeus chinensis*）集约型和半集约型养殖系统的环境绩效进行评估，得出集约化养殖的环境影响大于半集约化养殖模式，饲料生产、电力使用和废弃物排放是环境影响关键因素的结论。陈丽娇等[26]对中国日照地区凡纳滨对虾工厂化和池塘养殖模式进行了 LCA 对比分析，在识别环境影响关键因素的基础上筛选出了环境绩效更优的技术模式。此外，泰国[27]及墨西哥[28]凡纳滨对虾、越南斑节对虾[29]、巴西罗氏沼虾（*Macrobrachium rosenbergii*）和亚马孙沼虾（*Macrobrachium amazonicum*）[30]养殖系统的 LCA 研究也有相关文献报道。诸慧[31]以中华绒螯蟹（*Eriocheir sinensis*）为研究对象开展了环境影响评价研究，得出了成蟹养殖阶段的环境影响贡献最大，电力消耗及饲料生产是环境影响关键因素的结论。Hu 等[32]采用 LCA 方法聚焦中国水稻-克氏原螯虾（*Procambarus clarkii*）集成养殖系统的环境绩效，结果表明饲料生产和投入是该集成养殖系统中环境影响的主要贡献者，并建议提高饲料利用水平以确保该系统的可持续发展。

1.2.3　贝类养殖 LCA 研究

贝类养殖 LCA 研究与虾类养殖发文量基本一致，研究对象主要集中在贻贝（*Mytilus edulis*）养殖，但目前我国并未有贝类养殖系统的 LCA 研究报道。2010 年 Iribarren 及其科研团队连续发表了 4 篇研究论文[33-36]，系统全面地从养殖、加工、环境影响效率及副产品管理等角度开展了贻贝的全生命周期评价研究，并为贻贝生产的可持续发展提供了重要的技术指导和参考依据。基于上述研究的启发，科研工作者相继针对阿尔及利亚[37]、法国[38]及意大利[39]贻贝养殖系统开展了 LCA 研究，并积极探讨其作为蓝色碳汇作物的理论依据及应用价值。此外，相关文献也报道了意大利的大灰蜗牛（*Helix aspersa maxima*）养殖[40]、太平洋牡蛎（*Crassostrea gigas*）养殖[41]及菲律宾蛤仔（*Ruditapes Philippinarum*）养殖[42]的 LCA 研究。Vélez-Henao 等[43]综述了 2021 年以前发表的贝类养殖 LCA 研究，指出贝类 LCA 研究结果与其他水产养殖研究有较大不同，主要原因是贝类养殖避免了鱼粉生产带来的环境影响。目前的研究并未考虑从生态系统中吸收营养物质等生物地球化学因素所带来的积极影响。

1.2.4　藻类养殖 LCA 研究

生物柴油是一种可再生的新型能源，利用藻类制造生物柴油可以提高资源利用效率，也是一种对不可再生能源的保护。基于藻类的这一产品价值，目前国内外相关 LCA 研究主要聚焦藻类养殖及生物柴油制造两个阶段的环境绩效评估，其中海藻（*Sargassum pallidum*）及微藻是研究次数最多的对象。2010 年 Sander 等[44]首次对海藻生物柴油的制造过程进行了 LCA 研究，之后也一直将此作为研究的热点，同时将藻类生物柴油制造与传统能源生产的环境影响进行对比分析，探寻其成为可持续发展新型清洁能源的潜力。Aitken 等[45]创新地将藻类 LCA 研究的系统边界由藻类生物柴油的制造过程向供应链上游延伸至藻类养殖过程，研究了大型海藻的培育和加工对生物乙醇和沼气的能量回报及环境影响，特别关注智利江蓠（*Gracilaria chilensis*）和巨藻（*Macrocystis pyrifera*）及其栽培方法的对比。目前光生物反应器技术逐步应用到微藻的养殖过程中，Schade 等[46]对采用该技术养殖微藻的环境影响进行了生命周期系统评估。此外，由于藻类养殖可以吸收二氧化碳，因此其也将成为一种具有巨大潜力的蓝色碳汇作物[47,48]，通过推进我国藻类养殖可以在一定程度上促进"双碳"目标的实现。

1.2.5 其他类养殖 LCA 研究

其他类养殖品种中，目前我国仅对仿刺参（*Apostichopus japonicas*）养殖开展了 LCA 研究。Wang 等[49]运用生命周期评价对青岛市三种陆基仿刺参养殖系统进行了评价与分析，得出养殖池塘粗养具有最优环境绩效的结论。Hou 等[50]将仿刺参生产的系统边界拓展至苗种培育和加工阶段，从全生命周期的角度开展评价，指出苗种培育是环境影响最大的阶段，而电力、化石能源消耗是其生产过程环境影响关键因素。Chary 等[51]以美国红鱼（*Sciaenops ocellatus*）和糙海参（*Holothuria scabra*）综合多营养养殖系统为研究对象，采用 LCA 方法评估了其生物修复和生命周期环境影响。

1.3　水产养殖环境影响基本规律

Gephart 等[52]利用 LCA 方法开展了温室气体、氮、磷、淡水和土地环境绩效的标准化评估，该研究的对象覆盖了全球近 3/4 的水产品产量。结果表明，养殖双壳贝类和海藻产生的环境影响最小，捕捞渔业主要产生温室气体排放。提出的改进策略包括通过提高饲料转化率减少所有饲养群体的环境影响，提高鱼类产量，减少土地和水的使用等。Bohnes 等[5]在全面总结了 56 篇水产养殖 LCA 研究文章的基础上发现，饲料生产是气候变化、酸化、累积能源使用和净初级生产使用的关键驱动因素，而养殖过程是富营养化的关键驱动因素。通过对水产养殖 LCA 研究的文献检索可以看出，饲料生产及能源消耗是水产养殖最为主要的两个环境影响关键因素。鱼类及甲壳类养殖中饲料生产的环境影响贡献度普遍高于能源消耗，这是由于此两类品种的养殖均需要大量饲料维持生长，因此提高饲料转化率，降低饲料消耗量，实施精准投喂策略，寻找环境友好型饲料替代产品等方式有助于缓解鱼类及甲壳类养殖环境负荷。在贝类、藻类及其他类养殖中，环境影响关键因素主要集中在能源消耗问题，原因是贝类及其他类养殖品种的摄食对象以底栖及浮游生物为主，只需投喂少量饲料或不投喂饲料既可以满足生长所需，因此使能源消耗的环境影响凸显。目前我国水产养殖主要的能源类型仍以煤炭及电力为主，而我国 70% 的电力来源于煤炭发电，因此调整能源类型，使用天然气、风能、太阳能等清洁能源替代传统化石能源是改进能源消耗问题的最为行之有效的措施，这也符合我国实现"碳达峰、碳中和"的目标。此外，构建综合多级营养养殖系统、"鱼菜共生""渔光一体"等新型综合养殖模式也能够提高能源利用效率，实现废弃物循环利用。

1.4 水产养殖 LCA 研究展望

1.4.1 未来我国可开展的水产养殖 LCA 研究

我国作为全球水产养殖产量最大的国家，但水产养殖 LCA 研究相较于欧洲国家相对较少，Bohnes 等[5]的综述研究建议亚洲地区水产养殖系统应当开展更多的 LCA 研究。基于检索《中国渔业统计年鉴》及对中国水产养殖现状特点的发掘，未来可以开展 LCA 研究的养殖品种中，海水养殖包括鲕、鲍、扇贝、藻类等，淡水养殖包括四大家鱼及中华龟（Chinemys reevesii）、蛙（Ranidae）等。此外，水产养殖具有明显的地域性特征，同一水产养殖品种在不同国家（地区）养殖，其环境影响可能基本一致，也可能存在巨大差异。因此未来开展相同养殖品种在不同地理位置的 LCA 对比研究是十分必要的，如我国与其他国家河鲈（Perca fluviatilis）、贻贝、牡蛎（Ostreidae）等品种的环境影响对比分析，使环境影响改进措施更具有科学性、合理性及针对性。

1.4.2 基于 LCA 的水产养殖政策制定

在众多生产领域，LCA 已被应用于开展碳排放核查核算、绿色供应链管理、清洁生产等多种宏观策略研究中，但水产养殖中 LCA 的应用仍主要集中在针对单一品种生产进行环境影响评估或对多品种多养殖模式的环境影响进行对比分析。Samuel-Fitwi 等[53]系统总结了水产养殖可持续发展的评价工具，明确了生命周期评价方法是其中最为重要的工具之一。Cao 等[54]研究了 LCA 在可持续水产养殖中的作用，指出 LCA 已成为确定水产养殖系统主要环境影响的重要工具，在水产行业可持续生产和消费的政策制定过程中起着重要的作用。Bohnes 等[5]建议决策者应将水产行业环境政策建立在 LCA 研究的基础上，以改善现有和未来水产养殖系统的环境影响，同时建议水产行业技术开发人员将 LCA 纳入技术研发、企业日常管理和政策的制定中。因此，未来的研究中应当广泛开展基于 LCA 的水产养殖碳足迹，绿色供应链设计优化，清洁生产审核及城市、区域、国家层面水产养殖宏观环境管理策略的制定，为水产养殖绿色低碳发展提供技术支撑。

1.4.3 水产养殖 LCA 研究的数据获取

通过搜索 GaBi、CLCD、Simapro 及 Ecoinvent 四种国际主流生命周期基础数据库发现，与水产养殖相关的清单数据仍然相对较少。目前相关研究主要依靠对企业及养殖场的实际调研和访问获取数据，受限于 LCA 研究者与企业的联系，目前的研究数据来源大多局限在水产养殖 LCA 研究者所在的城市或省份。因此，建议政府部门促进和加强水产养殖基础数据的公开，完善制度体系及数据资源信息共享平台的建设，以便研究者能够更加广泛、迅速及准确地进行数据收集并应用于水产养殖 LCA 研究，完成生产流程生命周期清单建立及软件数据分析建模，从而提出准确可靠的政策建议并丰富我国及世界水产养殖 LCA 基础数据库。

参考文献

[1] FAO. The state of world fisheries and aquaculture-towards blue transformation

［EB/OL］. Rome：FAO，2022.

［2］农业农村部渔业渔政管理局，全国水产技术推广总站，中国水产学会，2021. 中国渔业统计年鉴［M］. 北京：中国农业出版社.

［3］Naylor R L，Hardy R W，Buschmann A H，et al，2020. A 20-year retrospective review of global aquaculture［J］. NATRUE，591：551 - 563.

［4］Hellweg S，Canals L M，2014. Emerging approaches，challenges and opportunities in life cycle assessment［J］. Science，344（6188）：1109-1113.

［5］Bohnes F A，Hauschild M Z，Schlundt J，et al，2019. Life cycle assessments of aquaculture systems：a critical review of reported findings with recommendations for policy and system development［J］. Reviews in Aquaculture，11（4）：1061-1079.

［6］Papatryphon E，Petit J，Kaushik S J，et al，2004. Environmental impact assessment of salmonid feeds using Life Cycle Assessment（LCA）［J］. Ambio，33（6）：316-323.

［7］Gronroos J，Seppala J，Silvenius F，et al，2006. Life cycle assessment of Finnish cultivated rainbow trout［J］. Boreal Environment Research，11（5）：401-404.

［8］Pelletier N，Tyedmers P，Sonesson，U，et al，2009. Not All Salmon Are Created Equal：Life Cycle Assessment（LCA）of Global Salmon Farming Systems［J］. Environmental Science & Technology，43（23）：8730-8736.

［9］Aubin J，Van der Werf H M G，2009. Fish farming and the environment：A life cycle assessment approach［J］. Agriculture，18（2-3）：220-226.

［10］Aubin J，Papatryphon E，Van der Werf H M G，et al，2009. Assessment of the environmental impact of carnivorous finfish production systems using life cycle assessment［J］. Journal of Cleaner Production，17（3）：354-361.

［11］陈中祥，曹广斌，韩世成，2011. 中国虹鳟养殖模式的生命周期评价［J］. 农业环境科学学报，30（10）：2113-2118.

［12］Bosma R，Anh P T，Potting J，2011. Life cycle assessment of intensive striped catfish farming in the Mekong Delta for screening hotspots as input to environmental policy and research agenda［J］. The International Journal of Life Cycle Assessment，16（9）：903-915.

［13］Huysveld S，Schaubroeck T，De Meester S，et al，2013. Resource use analysis of *Pangasius* aquaculture in the Mekong Delta in Vietnam using Exergetic Life Cycle Assessment［J］. Journal of Cleaner Production，51：225-233.

［14］Nhu T T，Schaubroeck T，De Meester S，et al，2015. Resource consumption assessment of *Pangasius* fillet products from Vietnamese aquaculture to European retailers［J］. Journal of Cleaner Production，100：170-178.

［15］ Nhu T T，Schaubroeck T，Henriksson P J G，et al，2016. Environmental impact of non-certified versus certified（ASC）intensive *Pangasius* aquaculture in Vietnam，a comparison based on a statistically supported LCA［J］. Environmental Pollution，219：156-165.

［16］ Jerbi M A，Aubin J，Garnaoui K，et al，2012. Life cycle assessment（LCA）of two rearing techniques of sea bass（*Dicentrarchus labrax*）［J］. Aquacultural Engineering，46：1-9.

［17］ García B G，Jiménez R C，Aguado-Giménez F，et al，2019. Life Cycle Assessment of Seabass（*Dicentrarchus labrax*）Produced in Offshore Fish Farms：Variability and Multiple Regression Analysis［J］. Sustainability，11（13）：3523.

［18］ 李静，2016. 基于 LCA 的水产养殖环境影响评价［D］. 上海：上海海洋大学.

［19］ 付晓洋，2016. 基于生命周期评价的大黄鱼网箱养殖环境影响分析［D］. 舟山：浙江海洋大学.

［20］ Biermann G，Geist J，2019. Life cycle assessment of common carp（*Cyprinus carpio* L.）-A comparison of the environmental impacts of conventional and organic carp aquaculture in Germany［J］. Aquaculture，501：404-415.

［21］ Jaeger C，Foucard P，Tocqueville A，et al，2019. Mass balanced based LCA of a common carp-lettuce aquaponics system［J］. Aquacultural Engineering，84：29-41.

［22］ Marzban A，Elhami B，Bougari E，2021. Integration of life cycle assessment（LCA）and modeling methods in investigating the yield and environmental emissions final score（EEFS）of carp fish（*Cyprinus carpio*）farms［J］. Environmental Science and Pollution Research，28（15）：19234-19246.

［23］ Hou H C，Zhang Y，Ma Z，et al，2022. Life cycle assessment of tiger puffer（*Takifugu rubripes*）farming：A case study in Dalian，China［J］. Science of the Total Environment，823：153522.

［24］ Mungkung R，Udo de Haes H，Clift R，2006. Potentials and Limitations of Life Cycle Assessment in Setting Ecolabelling Criteria：A Case Study of Thai Shrimp Aquaculture Product［J］. The International Journal of Life Cycle Assessment，11（1）：55-59.

［25］ Cao L，Diana J S，Keoleian G A，et al，2011. Life cycle assessment of Chinese shrimp farming systems targeted for export and domestic sales［J］. Environmental Science & Technology，45（15）：6531-6538.

［26］陈丽娇，杨怀宇，张静怡，孙琛，2019. 中国北方南美白对虾不同养殖模式环境影响生命周期评价［J］. 生态与农村环境学报，35（8）：986-991.

［27］Tantipanatip W，Jitpukdee S，Keeratiurai P，et al，2014. Life Cycle Assessment of Pacific White Shrimp（*Penaeus vannamei*）Farming System in Trang Province，Thailand［J］. Advanced Materials Research，1030-1032：679-682.

［28］Noguera-Muñoz F A，García García B，Ponce-Palafox J T，et al，2021. Sustainability Assessment of White Shrimp（*Penaeus vannamei*）Production in Super-Intensive System in the Municipality of San Blas，Nayarit，Mexico［J］. Water，13（3）：304.

［29］Järviö N，Henriksson P J G，Guinée J B，2017. Including GHG emissions from mangrove forests LULUC in LCA：a case study on shrimp farming in the Mekong Delta，Vietnam［J］. The International Journal of Life Cycle Assessment，23（5）：1078-1090.

［30］Santos A A O，Aubin J，Corson M S，et al，2015. Comparing environmental impacts of native and introduced freshwater prawn farming in Brazil and the influence of better effluent management using LCA［J］. Aquaculture，444：151-159.

［31］诸慧，2020. 中国河蟹养殖系统生命周期环境影响评估［D］. 南京：南京大学.

［32］Hu N，Liu C，Chen Q，et al，2021. Life cycle environmental impact assessment of rice-crayfish integrated system：A case study［J］. Journal of Cleaner Production，280：124440.

［33］Iribarren D，Moreira M T，Feijoo G，2010. Implementing by-product management into the Life Cycle Assessment of the mussel sector［J］. Resources，Conservation and Recycling，54（12）：1219-1230.

［34］Iribarren D，Moreira M T，Feijoo G，2010. Life Cycle Assessment of fresh and canned mussel processing and consumption in Galicia（NW Spain）［J］. Resources，Conservation and Recycling，55（2）：106-117.

［35］Iribarren D，Moreira M T，Feijoo G，2010. Revisiting the Life Cycle Assessment of mussels from a sectorial perspective［J］. Journal of Cleaner Production，18（2）：101-111.

［36］Lozano S，Iribarren D，Moreira M T，et al，2010. Environmental impact efficiency in mussel cultivation［J］. Resources，Conservation and Recycling，54（12）：1269-1277.

［37］Lourguioui H，Brigolin D，Boulahdid M，et al，2017. A perspective for reducing environmental impacts of mussel culture in Algeria［J］. The International Journal of Life Cycle Assessment，22（8）：1266-1277.

［38］Aubin J，Fontaine C，Callier M，et al，2017. Blue mussel (*Mytilus edulis*) bouchot culture in Mont-St Michel Bay：potential mitigation effects on climate change and eutrophication［J］. The International Journal of Life Cycle Assessment，23（5）：1030-1041.

［39］Tamburini E，Turolla E，Fano E A，et al，2020. Sustainability of Mussel (*Mytilus galloprovincialis*) Farming in the Po River Delta，Northern Italy，Based on a Life Cycle Assessment Approach［J］. Sustainability，12（9）：3814.

［40］Zucaro A，Forte A，De Vico G，et al，2016. Environmental loading of Italian semi-intensive snail farming system evaluated by means of life cycle assessment［J］. Journal of Cleaner Production，125：56-67.

［41］Tamburini E，Fano E A，Castaldelli G，et al，2019. Life Cycle Assessment of Oyster Farming in the Po Delta，Northern Italy［J］. Resources，8（4）：170.

［42］Turolla E，Castaldelli G，Fano E A，et al，2020. Life Cycle Assessment (LCA) Proves that Manila Clam Farming (*Ruditapes philippinarum*) is a Fully Sustainable Aquaculture Practice and a Carbon Sink［J］. Sustainability，12（13）：5252.

［43］Vélez-Henao J A，Weinland F，Reintjes N，2021. Life cycle assessment of aquaculture bivalve shellfish production — a critical review of methodological trends ［J］. The International Journal of Life Cycle Assessment，26：1943-1958.

［44］Sander K，Murthy G S，2010. Life cycle analysis of algae biodiesel［J］. The International Journal of Life Cycle Assessment，15（7）：704-714.

［45］Aitken D，Bulboa C，Godoy-Faundez A，et al，2014. Life cycle assessment of macroalgae cultivation and processing for biofuel production［J］. Journal of Cleaner Production，75：45-56.

［46］Schade S，Stangl G I，Meier T，2020. Distinct microalgae species for food-part 1：a methodological（top-down）approach for the life cycle assessment of microalgae cultivation in tubular photobioreactors［J］. Journal of Applied Phycology，32（5）：2977-2995.

［47］Schade S，Meier T，2019. A comparative analysis of the environmental impacts of cultivating microalgae in different production systems and climatic zones：A systematic review and meta-analysis［J］. Algal Research，40：101485.

［48］Lam M K，Lee K T，Mohamed A R，2012. Current status and challenges on microalgae-based carbon capture ［J］. International Journal of Greenhouse Gas Control，10：456-469.

［49］ Wang G D，Dong S L，Tian X L，et al，2015. Life Cycle Assessment of Different Sea Cucumber（*Apostichopus japonicus selenka*）Farming Systems ［J］. Journal of Ocean University of China，14：1068-1074.

［50］ Hou H C，Shao S，Zhang Y，et al，2019. Life cycle assessment of sea cucumber production：A case study，China ［J］. Journal of Cleaner Production，213：158-164.

［51］ Chary K，Aubin J，Sadoul B，et al，2020. Integrated multi-trophic aquaculture of red drum（*Sciaenops ocellatus*）and sea cucumber（*Holothuria scabra*）：Assessing bioremediation and life-cycle impacts ［J］. Aquaculture，516：734621.

［52］ Gephart J A，Henriksson P J G，Parker，R W R，et al，2021. Environmental performance of blue foods ［J］. NATRUE，597：360-365.

［53］ Samuel-Fitwi B，Wuertz S，Schroeder J P，et al，2012. Sustainability assessment tools to support aquaculture development ［J］. Journal of Cleaner Production，32：183-192.

［54］ Cao L，Diana J S，Keoleian G A，2013. Role of life cycle assessment in sustainable aquaculture ［J］. Reviews in Aquaculture，5（2）：61-71.

2 红鳍东方鲀生命周期评价

2.1 引　言

在中国，水产养殖业的能源消耗和碳排放已经成为主要问题。红鳍东方鲀是国内一种新兴的水产养殖品种，但其养殖过程中的环境影响尚未得到系统评价。本研究是中国大连红鳍东方鲀陆海接力战略的第一个生命周期评价（LCA）。为了分析红鳍东方鲀养殖过程的环境影响，笔者考虑了以下四个阶段：苗种培育、深海网箱养殖-1、工业循环水养殖和深海网箱养殖-2（图 2.1）。采用生命周期评价软件 GaBi 10.5 学术版和 CML-IA-Jan. 2016 World 方法计算环境影响。根据生命周期评价结果，海洋水生生态毒性潜值是造成环境影响的最大因素，工业循环水养殖是整个红鳍东方鲀养殖过程中最重要的养殖阶段。在红鳍东方鲀养殖过程中，电力、煤炭和汽油等能源的消耗是维持电力供应的主要方式，是影响环境绩效的关键因素。基于敏感性和能量分析，需要仔细考虑工业循环水养殖阶段设备运行能耗、饲料消耗、深海网箱养殖-2 阶段运输汽油消耗。为提高红鳍东方鲀养殖及水产养殖业的环保绩效，建议采取以下改进措施：建立电力、风能、太阳能一体化管理系统，用于未来技术研发中参数优化的事前生命周期评价，以及新的生产策略，如水产共生和综合多营养水产养殖。此外，建立了红鳍东方鲀陆海接力养殖的生命周期清单（LCI），以获取必要信息，丰富水产养殖 LCI 数据库，支持水产养殖 LCA 研究。

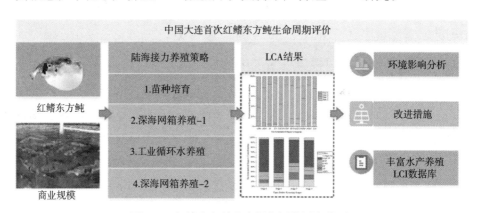

图 2.1　红鳍东方鲀生命周期评价图文摘要

2.2 简介及文献综述

2.2.1 简介

水产养殖是一个蓬勃发展的产业，有助于维持未来的全球粮食需求。随着产量的快速增长以及生产技术、饲料配料、养殖场管理和价值链的重大变化，水产养殖已更加融入全球粮食系统[1]。中国是最大的水产养殖生产国，在水产养殖生产的几乎所有领域都发挥着重要作用[2]。如今，水产养殖已经变得相当多样化，在全球各种海洋、咸淡水和淡水系统中养殖的鱼类、贝类、水生植物和藻类种类增加了 40%[3]。

红鳍东方鲀是一种新兴的水产养殖物种。为食肉性洄游海水种，生长周期约为 2 年，主要分布于东北亚地区。由于红鳍东方鲀富含蛋白质和胶原蛋白，已成为具有重要食用价值和经济价值的养殖鱼类[4]。中国、日本等亚洲国家食用红鳍东方鲀的历史悠久；但其体内含有河豚毒素，这是一种生物碱，吸收后迅速作用于神经末梢和神经中枢，导致人类神经麻痹和死亡[5-6]。因此，1990 年中国禁止了红鳍东方鲀的消费。随着人工养殖技术的不断发展，人工饲料大大降低了红鳍东方鲀体内的河豚毒素水平。2016 年，中国解除了对红鳍东方鲀的消费、养殖和管理禁令，由此产生了巨大的商机。根据联合国粮食及农业组织（FAO）的统计数据，2019年中国红鳍东方鲀产量为 17 473 t，占全球产量（21 588t）的 81%，经济价值为 380 万美元[7]。日本、韩国等亚洲国家是红鳍东方鲀的主要进口国。

随着经济价值和国外市场对红鳍东方鲀需求的增加，未来中国将成为红鳍东方鲀的主要出口国，养殖产量将继续增加，但是，红鳍东方鲀养殖存在高能耗、环境问题等局限性，产业规模和集约化水平也有待提高。红鳍东方鲀是一种洄游鱼类，生长周期约为 2 年，中国北方冬季的海水温度不适合其生长。因此，需要将红鳍东方鲀转移到陆基工业循环水养殖系统车间越冬。需要大量的能量来加热海水进行养殖，维持水温以供红鳍东方鲀生长。此外，中国北方地区的电力使用煤炭发电[8]，这使得减少碳排放变得困难。Song 等[9]表明，能源消耗和饲料生产是影响大西洋鲑养殖生命周期中环境影响的关键因素，其他水产养殖物种也有类似的结论[10-12]。

在中国北方，红鳍东方鲀最广泛使用的策略是"陆海接力养殖"，它将工业循环水养殖系统与深海网箱养殖技术相结合。迄今为止，这一策略已被用于养殖比目鱼、鳟、鲑和红鳍东方鲀。深海网箱养殖是一种高密度、集约化的人工养殖模式，在海水中放置网箱，网箱为活鱼提供了适宜的野生环境[13]。然而，在洄游鱼类养殖中，在自然海水温度不安全的情况下，由于鱼类死亡会造成经济损失。循环水养殖系统具有减少自然环境影响、连续生产、自动化操作等优点[14]；此外，经物理过滤、生物过滤、增氧、灭菌、消毒、加氧等处理后排放的水可以重复利用[15-16]。燃煤和电力加热的海水可以解决红鳍东方鲀越冬的问题，但大规模再循环的能源消耗和成本导致经济效益和环境效益下降。因此，陆海接力养殖是一种新型的工业化养殖策略，在季节变化的基础上控制工业循环水养殖系统与深海网箱养殖技术的交替时间点。该策略缩短了水产养殖生命周期，提高了养殖效率，降低了成本，提高了产品质量[17-18]。

大多数关于红鳍东方鲀的研究都集中在生物学和医学领域。据笔者所知，目前还没有对红鳍东方鲀养殖过程和陆海接力养殖策略进行生命周期环境评估。因此，本研究选择了中国红鳍东方鲀及其陆海接力养殖过程，采用生命周期评价方法检测环境影响最大的养殖阶段，确定哪些类别是主要的环境影响贡献者，并检查能源消耗是否是最重要的影响因素。此外，建立了红鳍东方鲀陆海接力养殖的生命周期清单，以获取必要信息，丰富水产养殖LCI数据库，并支持蓝色食品环境绩效的研究[19]。本研究采用流行的LCA软件GaBi 10.5学院版。GaBi是由德国Thinkstep公司开发的，它有一个强大的LCA引擎。GaBi数据库是当前市场上最大的内部一致性LCA数据库，它包含超过12 000个随时可用的LCI配置文件。CML-IA-Jan. 2016-world方法是由荷兰莱顿大学环境研究中心（CML）于2001年开发的一种面向问题的方法，用于计算环境影响。在结果的基础上制定改进措施，提供有价值的环境建议，减少红鳍东方鲀养殖业对环境的影响。将这些措施与比目鱼、鳟和鲑等采用陆海接力养殖策略的水产养殖物种相比较，分析了中国减少环境影响的潜力。

2.2.2 文献综述

LCA 用于定量评估产品或服务在其整个生命周期生产过程中的环境影响[20]。经过多年的发展，LCA 在世界范围内广泛应用于工业生产环境影响评价，帮助企业和政府提出改善措施。

LCA 可以有效地识别水产养殖系统的关键环境影响因素，分析污染预防、决策支持和环境绩效改善的机会。目前，LCA 已成为评估水产品生产过程对环境影响的最有效方法之一[21]。以往的研究主要关注水产养殖系统中某一水生物种的生命周期环境影响，如大西洋鲑养殖系统[22]和肉食性鱼类生产系统[23]。由于全球水产养殖集约化程度和复杂性的增加，系统边界已扩展到整个水产养殖业，评估内容从养殖阶段延伸到加工[24]、饲料生产[25]，以及不同物种、地区或养殖策略的系统比较[26-28]。一些LCA 研究者[29]分析了南美洲渔业中具有代表性的拖网渔船制造、秘鲁凤尾鱼渔业、罗非鱼养殖以及鱼粉和鱼油加工的生产过程。在数据收集和建模的基础上，在 Ecoinvent 数据库中建立了 LCI 资源。Gephart 等[30]根据已发表和调查的水产养殖 LCI，为覆盖近 3/4 全球产量的物种群提供了温室气体、氮、磷、淡水和土地压力源的标准化估计数据库。Bosma 等[31]对湄公河三角洲鲇集约化养殖系统进行了 LCA 分析，提出了宏观层面的环境影响改善策略。Bohnes 等[32]全面总结了 56 篇关于水产养殖系统的 LCA 文章，并得出结论：饲料生产、累积能源使用、酸化和富营养化是影响环境影响的关键因素，建议在亚洲开展更多的水产养殖系统 LCA 研究，并将 LCA 应用于水产养殖企业的技术开发、日常管理和政策制定。

在中国，不同地区虹鳟养殖的 LCA 比较表明，工业循环水养殖策略对环境的影响最小[33]。Cao 等[34]对中国海南省凡纳滨对虾的两种集约养殖策略进行了 LCA 分析，发现集约养殖对环境的影响大于半集约养殖，同时认为饲料生产、用电和废水排放是影响环境影响的关键因素。Cao 等[10]研究了 LCA 在可持续水产养殖中的作用，报道 LCA 已成为确定水产养殖系统主要环境影响的重要工具。Song 等[9]对循环水养殖系统进行了 LCA 分析，得出电力消耗和饲料生产对大西洋鲑养殖过程的环境影响最大的结论。这些研究为评价中国水产养殖系统的生命周期环境影响提供了重要信息。然而，中国需要开展更多的 LCA 研究，并需要建立一个清单数据库，以支持全球水产养殖 LCA 研究。

2.3 红鳍东方鲀养殖过程生命周期评价

ISO 14040 和 ISO 14044[35-36] 被用于评估红鳍东方鲀养殖过程的环境影响。LCA 由四个阶段组成：目标与范围定义、清单分析、影响评估和解释。

2.3.1 目标与范围的确定

本研究的目的是分析红鳍东方鲀养殖过程对环境的影响，并利用 LCA 结果提出改善措施，以尽量减少红鳍东方鲀养殖对环境的影响。此外，还建立了红鳍东方鲀陆海接力养殖 LCI，提供必要信息，丰富水产养殖 LCI 数据库，支持水产养殖 LCA 研究。

大连富谷食品有限公司是中国大连的一家大型商业红鳍东方鲀养殖企业。该企业成立于 2006 年 4 月，注册资本 2.2 亿元人民币。主要产品为红鳍东方鲀和海参，主要养殖策略为"陆海接力养殖"。企业拥有占地 18 万 m² 的现代化水产养殖园区，包括 5 万 m² 深海网箱养殖区和 29 套循环式养殖系统。企业被授予中国农业产业化龙头企业称号。在对已发表的水产养殖 LCA 研究进行文献回顾和总结的基础上，选择企业 1t 收获活重红鳍东方鲀作为功能单元。

2.3.2 红鳍东方鲀养殖阶段流程简介

2.3.2.1 苗种培育（第一阶段）

第一年 4 月，在车间进行了红鳍东方鲀的人工饲养。饲养前用生石灰进行消毒。体长 3~5 cm 的红鳍东方鲀幼鱼被运送到下一个养殖阶段。这一时期以卤虾（*Artemia sinica*）为主要饲料，主要消耗海水和电力。主要排放包括发电过程中产生的 CO_2 和废水中的总氮、总磷和化学需氧量（COD）。

2.3.2.2 深海网箱养殖-1（第二阶段）

育种阶段结束后进行深海网箱养殖[37]。当海水温度为16℃时，将红鳍东方鲀幼鱼运送到指定的近海自然区域的网笼中。岸区到深海网笼的距离为20km。为了保证幼鱼的生存，使用了活鱼道和活鱼船。一般第一年的养殖期为5—11月，然后将幼鱼运回工业循环水养殖车间越冬。红鳍东方鲀幼鱼以渔场获得的沙鳗为食，养殖从业者必须往返于海岸和近海地区，管理和保存网箱设备。汽油是活鱼道、活鱼船和其他运输设施消耗的主要能源。

2.3.2.3 工业循环型水产养殖（第三阶段）

由于冬季外部海温下降，第一年11月至第二年5月，有必要将红鳍东方鲀运送到工业循环水养殖车间越冬。在此期间，为了将车间内的水温维持在16℃，需要消耗大量的电力和煤炭。在这一阶段，用颗粒饲料喂养红鳍东方鲀；颗粒饲料的基本成分如表2.1所示。虽然循环水养殖系统可以对废海水进行回收利用，但仍需要投入海水和排放废水，海水排水量占海水总流入量的10%。考虑了废水的总氮、总磷和COD，电、煤消耗，本阶段采用生石灰杀菌[38]。

表 2.1 工业循环水产养殖阶段红鳍东方鲀颗粒饲料的基本成分

组分	占干重比例（%）
豆粕	17
小麦粒	15
玉米淀粉	10
鱼粉	40
鱼油	15
其他	3
总计	100

2.3.2.4 深海网箱养殖-2（第四阶段）

第二年4月或5月，当水温适宜生长时，用活鱼道和活鱼船将红鳍东方鲀运送到近海笼区。经过 6～7 个月的养殖，成熟的红鳍东方鲀在 10 月或 11 月由活鱼道和活鱼船运送到加工厂。这一阶段的环境污染类型和能耗与深海网箱养殖第一期相同；但由于红鳍东方鲀体重增加，汽油、沙鳗等材料用量增加。红鳍东方鲀养殖过程如图 2.2 所示。

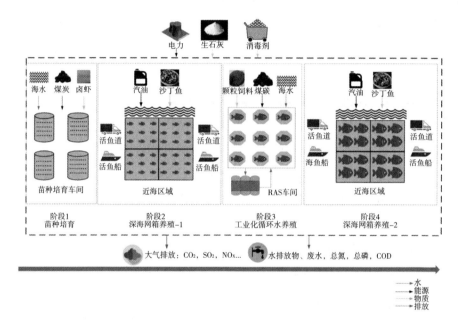

图 2.2   红鳍东方鲀养殖过程

2.3.3   清单分析

红鳍东方鲀养殖过程的 LCI 如表 2.2 所示[39-41]。电、煤、海水、汽油、饲料的输入数据来源于企业的实际生产报告，生石灰、消毒液数据来源于对工程师的采访。能源和材料的后台数据提取自 GaBi 专业数据库 2021；颗粒饲料生产的背景数据来自中国生命周期数据库（CLCD），该数据库是中国艾克有限公司开发的高质量数据库。在颗粒饲料方面，从 CLCD 数据库获得的数据符合中国的实际生产状况。在产量数据方面，CO_2、SO_2 和 NO_x 排放结果来自 Ecoinvent 3.7 数据库，总氮、总磷和 COD 在实验室根据从车间获得的排放废水进行测量。

表 2.2 红鳍东方鲀养殖过程的 LCI

项目	对象/阶段	苗种培育	深海网箱养殖-1	工业化循环水养殖	深海网箱养殖-2
输入	电力（kW·h）	106.04	123.90	534.08	106.20
	海水（m³）	400.00	—	2 880	—
	淡水（m³）	0.18	0.42	—	2.66
	煤炭（kg）	570.78	—	4 264.32	—
	汽油（L）	—	177.60	—	1 110.00
	卤虾（kg）	19.20	—	—	—
	沙丁鱼（kg）	—	960	—	6 000
	颗粒饲料（kg）	—	—	576	—
	消毒剂（ClO_2）（kg）	0.12	0.32	0.65	1.05
	生石灰（kg）	40	80	160	190
输出	CO_2（kg）	277.26	272.32	9 807.93	1 702
	SO_2（kg）	1.02	1.01	36.24	6.29
	NO_x（kg）	0.88	0.88	31.55	5.47
	废水（m³）	40	—	288	—
	总氮（kg）	1.30	—	2.34	—
	总磷（kg）	0.62	—	1.16	—
	COD（kg）	1.28	—	2.56	—

2.3.4 影响评价

本研究采用 CML-IA-Jan. 2016-world 方法[42-44]。该方法的原理是基于传统 LCI 的表征和归一化分析。该方法主要关注能源消耗投入、污染输出和生态破坏，其特点非常适合本 LCA。对红鳍东方鲀养殖过程的生命周期影响评价步骤进行了特征化和规范化。将表征结果用于分析每个影响类别和养殖阶段的环境贡献，以了解评价结果的准确性。此外，采用标准化和 CML-IA-Jan. 2016-world 方法对环境影响结果进行不同阶段和类别排序，分析主要环境问题和防治污染的概率[45]。不同影响类别的归一化结果可以相加，因为它们的权重相等。以下 11 个 LCA 影响类别被用于评估：非生物资源消耗潜值（元素）（ADP_e）、非生物资源消耗潜值（化石）（ADP_f）、酸化潜值（AP）、富营养化潜值（EP）、淡水水生生态毒性潜值

（FAETP）、全球变暖潜值（GWP）、人类毒性潜值（HTP）、海洋水生生
态毒性潜值（MAETP）、臭氧层消耗潜值（ODP）、光化学臭氧生成潜值
（POCP）和陆地生态毒性潜值（TETP）（表 2.3）。

表 2.3 CML-2001 方法的环境影响类型

中文名称	环境影响类型	缩写
非生物资源消耗潜值（元素）	Abiotic depletion potential （elements）	ADP_e
非生物资源消耗潜值（化石）	Abiotic depletion potential （fossil）	ADP_f
酸化潜值	Acidification potential	AP
富营养化潜值	Eutrophication potential	EP
淡水水生生态毒性潜值	Freshwater aquatic ecotoxicity potential	FAETP
全球变暖潜值	Global warming potential	GWP
人类毒性潜值	Human toxicity potential	HTP
海洋水生生态毒性潜值	Marine aquatic ecotoxicity potential	MAETP
臭氧层消耗潜值	Ozone layer depletion potential	ODP
光化学臭氧生成潜值	Photochemical ozone creation potential	POCP
陆地生态毒性潜值	Terrestrial ecotoxicity potential	TETP

2.4 结果及不确定性分析

2.4.1 特征化结果

使用 GaBi 软件计算红鳍东方鲀养殖过程的生命周期评价特征结果
（表 2.4）。图 2.3 概述了四个阶段中每个环境影响类别的结果。

工业循环水产养殖阶段（第 3 阶段）在红鳍东方鲀生命周期养殖过程
的环境影响贡献中起着关键作用，在八类（ADP_e、FAETP 和 ODP 除外）
中环境影响贡献最大。此外，前三大影响因素是 EP（80.49%，6.48 kg
磷酸盐当量[*]）、AP（79.01%，68.7 kg 二氧化硫当量）和 POCP
（75.99%，3.56 kg 乙烯当量）。深海网箱养殖-2（第 4 阶段）显示 ADP_e、
FAETP 和 ODP 的百分比最大：0.000 2 kg Sb 当量为 62.21%，25.3 kg

---

[*] 当量（equivalent，eq）为非法定计量单位。当量与物质的量的换算关系取决于物质的当量数。
换算公式为：当量＝物质的量×当量数。

DCB 当量为 56.11%，1.88×10^{-12} kg R11 当量为 44.50%。种子养殖（第 1 阶段）和深海网箱养殖-1（第 2 阶段）的环境影响低于第 3 和第 4 阶段。

表 2.4 红鳍东方鲀养殖过程中四个阶段的特征结果

类别/阶段	苗种培育	深海网箱养殖-1	工业化循环水养殖	深海网箱养殖-2
ADP$_e$（kg Sb eq.）	5.87×10^{-6}	3.62×10^{-5}	9.34×10^{-5}	2.23×10^{-4}
ADP$_f$（MJ）	4.51×10^{3}	7.92×10^{3}	1.28×10^{5}	4.23×10^{4}
AP（kg SO$_2$ eq.）	2.22	2.63	6.87×10^{1}	1.34×10^{1}
EP（kg phosphate eq.）	3.56×10^{-1}	1.95×10^{-1}	6.48	1.02
FAETP（kg DCB eq.）	1.21	5.18	1.34×10^{1}	2.53×10^{1}
GWP（kg CO$_2$ eq.）	4.76×10^{2}	5.75×10^{2}	1.29×10^{4}	2.87×10^{3}
HTP（kg DCB eq.）	4.33×10^{1}	6.09×10^{1}	4.44×10^{2}	1.26×10^{2}
MAETP（kg DCB eq.）	2.19×10^{4}	3.31×10^{4}	2.17×10^{5}	7.85×10^{4}
ODP（kg R11 eq.）	1.60×10^{-13}	3.15×10^{-13}	1.87×10^{-12}	1.88×10^{-12}
POCP（kg ethene eq.）	1.31×10^{-1}	1.77×10^{-1}	3.56	8.17×10^{-1}
TEP（kg DCB eq.）	1.13	1.63	9.85	4.12

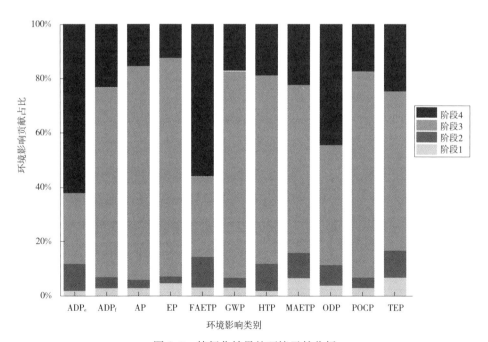

图 2.3 特征化结果的环境贡献分析

2.4.2 归一化结果

为了分析红鳍东方鲀养殖过程中不同阶段和类别的环境影响排名、主要环境问题和防止污染的概率，使用 Gabi 软件和 CML-IA-Jan. 2016-world 方法计算了 LCA 归一化结果（表 2.5）。选择 ADP_f、GWP、MAETP、HTP、EP 和 AP 影响类别，它们与能源使用、碳排放、废水排放和富营养化密切相关；其他五个环境类别被整合为"其他类别"（图 2.4）。

根据环境影响贡献，按循环水产养殖阶段（第 3 阶段）、深海网箱养殖-2（第 4 阶段）、深水网箱养殖-1（第 2 阶段）和苗种培育（第 1 阶段）的顺序对四个养殖阶段进行了排名（图 2.4）。此外，在四个阶段中，MAETP 是最大的贡献者，分别占总环境影响的 66.6%、68.32%、46.9% 和 55.09%；这一结果表明，农业过程中使用了大量的化石能源和电力，煤炭和电力是造成环境影响的关键因素。案例企业位于中国北方，用煤发电，这加剧了能源使用阶段的影响。在苗种培育阶段，能源主要用于维持红鳍东方鲀生长的水温。深海网箱养殖-1 和深海网箱养殖-2，电主要用于沙鳗的冷冻和养护。在工业循环水产养殖阶段，能源主要用于颗粒饲料生产、冬季水产养殖水温维持和净水设备。ADP 和 GWP 与电力和化石能源消耗密切相关，对四个阶段的环境影响贡献更大。汽油用于深海网箱养殖-1 和深海网箱养殖-2 阶段，因为在养殖过程中，红鳍东方鲀必须通过活鱼轨道和活鱼船运输 20km 到近海地区。考虑了四个运输过程：从养殖车间到近海区，近海区到循环水产养殖系统车间，循环水产养殖系车间到近海，近海区再到加工车间。这些过程也增加了 HTP 对环境的影响。AP 和 EP 的环境影响贡献与其他水产养殖 LCA 研究的结果一致，可归因于水产养殖废水中排放的总氮、总磷和 COD，这也增加了 HTP 对环境的影响。

表 2.5　红鳍东方鲀养殖过程中四个阶段的归一化结果

类别/阶段	苗种培育	深海网箱养殖-1	工业化循环水养殖	深海网箱养殖-2
ADP_e	1.62×10^{-14}	1.00×10^{-13}	2.59×10^{-13}	6.17×10^{-13}
ADP_f	1.19×10^{-11}	2.08×10^{-11}	3.38×10^{-10}	1.11×10^{-10}

（续）

类别/阶段	苗种培育	深海网箱养殖-1	工业化循环水养殖	深海网箱养殖-2
AP	9.28×10^{-12}	1.10×10^{-11}	2.88×10^{-10}	5.61×10^{-11}
EP	2.26×10^{-12}	1.23×10^{-12}	4.10×10^{-11}	6.43×10^{-12}
FAETP	5.12×10^{-13}	2.19×10^{-12}	5.68×10^{-12}	1.07×10^{-12}
GWP	1.13×10^{-11}	1.36×10^{-11}	3.06×10^{-10}	6.81×10^{-11}
HTP	1.68×10^{-11}	2.36×10^{-11}	1.72×10^{-10}	4.88×10^{-11}
MAETP	1.13×10^{-10}	1.70×10^{-10}	1.11×10^{-9}	4.02×10^{-10}
ODP	7.06×10^{-22}	1.39×10^{-21}	8.24×10^{-21}	8.29×10^{-21}
POCP	3.57×10^{-12}	4.80×10^{-12}	9.67×10^{-11}	2.22×10^{-11}
TEP	1.03×10^{-12}	1.50×10^{-12}	9.03×10^{-12}	3.78×10^{-12}
Total	1.70×10^{-10}	2.49×10^{-10}	2.37×10^{-9}	7.30×10^{-10}

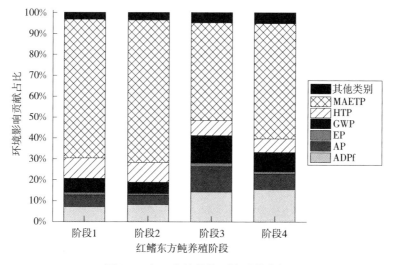

图 2.4　归一化结果的环境贡献分析

2.4.3　不确定性分析

在生命周期评价研究中，数据质量的不确定性分析是决策者判断产品或工艺选项差异重要性的重要方面。在生命周期评价研究中，强烈鼓励使用统计方法来确定不确定性。根据洪和马[46]的研究，蒙特卡罗方法可用于用概率分布量化变异性和不确定性，并有助于揭示不确定性的影响。因此，本研究采用蒙特卡罗模拟来评估不确定性的影响[47-49]。有 1 000 个这样的排名，计算了 95%的置信区间。根据模拟结果，不确定性范围的趋势非常接近，每个阶段的总体排名没有太大变化（表 2.6）。

表 2.6 红鳍东方鲀养殖过程中四个阶段的归一化结果

生产技术	评价结果	蒙特卡罗模拟结果		
		95%置信区间	平均值	标准偏差
苗种培育	1.70×10^{-10}	$1.68 \times 10^{-10} \sim 1.72 \times 10^{-10}$	1.70×10^{-10}	1.73×10^{-12}
深海网箱养殖-1	2.49×10^{-10}	$2.46 \times 10^{-10} \sim 2.52 \times 10^{-10}$	2.49×10^{-10}	$2.56E \times 10^{-12}$
工业化循环水养殖	2.37×10^{-9}	$2.34 \times 10^{-9} \sim 2.40 \times 10^{-9}$	2.37×10^{-9}	2.43×10^{-11}
深海网箱养殖-2	7.30×10^{-10}	$7.20 \times 10^{-10} \sim 7.40 \times 10^{-10}$	7.30×10^{-10}	7.42×10^{-12}

2.5 讨 论

根据生命周期评价结果，MAETP 是红鳍东方鲀养殖过程中最大的影响因素，工业循环水产养殖是环境影响最大的阶段。电力、煤炭和汽油等能源的消耗是维持饲料生产和水产养殖能源供应的关键因素。这项研究的结果与其他农业和水产养殖 LCA 研究的结果一致——能源消耗和饲料生产是最重要的环境因素。此外，在其他循环水产养殖系统的生命周期评价研究中，能量类型不同。中国大西洋鲑生命周期评价研究和瑞典循环水产养殖系统生命周期评价报告的比较表明，商业企业分别只消耗电力和风能[50-54]。在这项研究中，能源以煤和电力的形式消耗，其对环境的影响远远大于风力发电。因此，能源消耗的影响比例大于饲料生产的影响比例，导致本研究的结果与之前的循环水产养殖系统研究的结果不一致。此外，水产养殖废水排放中的总氮、总磷和 COD 排放量远低于中国其他生命周期评价研究报告的值。原因是案例企业所在地的辽宁省颁布了新的《海水养殖废水控制标准》（2021 年 3 月，总氮≤3.00 mg/L，总磷≤0.50 mg/L，COD≤16 mg/L）。这要求案例企业实施更严格的水产养殖废水污染物排放措施。虽然废水污染物减少了，但再循环废水处理系统的能源使用负荷增加了，并发现了环境影响权衡问题[55-56]。如何在减少污染物排放的同时有效降低能耗是一个需要解决的重要问题。

2.5.1 能源消耗和敏感性分析

中国承诺到 2060 年实现碳中和的目标，而水产养殖业的能源消耗是碳排放的主要贡献者之一。因此，改变能源类型，使用清洁能源而不是化石能源，将在减少碳排放方面发挥重要作用。在红鳍东方鲀养殖过程中，设备运行、饲料生产、运输三个环节都有能源消耗（表 2.7），整个养殖过程中维持生产设备运行所消耗的能源占总能耗的 50.6%，而工业循环水养殖阶段能耗最大，占比 45.6%。饲料生产占总能耗的 35.8%，工业循环水养殖阶段的颗粒饲料制造是关键因素（18.9%）。运输占总能耗的 13.6%，主要在深海网箱养殖-1 和深海网箱养殖-2 阶段需要。

在基线参数的基础上，通过改变各 LCI 参数的规定量（±10%）进行敏感性分析。在能源消耗分析结果的基础上，进行敏感性和情景分析，考察以下 LCI 参数和情景对生命周期影响的变化：①设备运行能耗（−10% 和 +10%），②饲料能耗（−10% 和 +10%），③运输汽油消耗（−10% 和 +10%）（表 2.8）。这三个 LCI 参数与红鳍东方鲀养殖过程中的能源消耗密切相关，可以准确反映因能耗值变化而导致的环境影响变化。

在情景 1 中，当设备运行 LCI 参数能耗变化 ±10% 时，工业循环水养殖阶段的敏感性最高；变化范围为 −8.6%~8.3%，总环境影响为基线的 −12.6%~13.1%。在情景 2 中，当饵料消耗 LCI 参数变化 ±10% 时，深海网箱养殖-2 阶段的敏感性最高（−3.2%~3.3%），总环境影响范围为基线的 −8.0%~8.5%。最后，在情景 3 中，当汽油对运输 LCI 参数的消耗变化幅度为 ±10% 时，深海网箱养殖-2 的敏感性最高；变化范围在 −5.9%~5.9%，总环境影响在 −8.8%~8.7%。

显然，要减少对环境的影响，红鳍东方鲀养殖过程需要重点降低工业循环水养殖阶段的设备运行能耗、深海网箱养殖-2 阶段的饲料消耗和运输汽油消耗。

表 2.7　基于生命周期评价结果对红鳍东方鲀养殖过程的能耗进行分析（％）

阶段/类别	设备运行	饲料生产	运输
苗种培育	5.0	0.5	0.0
深海网箱养殖-1	0.0	6.5	1.9
工业化循环水养殖	45.6	18.9	0.0
深海网箱养殖-2	0.0	9.9	11.7
总计	50.6	35.8	13.6

表 2.8　红鳍东方鲀养殖过程中三种情景的敏感性分析结果（％）

阶段/情景	情景 1		情景 2		情景 3	
	-10	+10	-10	+10	-10	+10
苗种培育	-4.0	+4.8	-1.3	+1.5	0	0
深海网箱养殖-1	0	0	-1.6	+1.8	-2.9	+2.8
工业化循环水养殖	-8.6	+8.3	-1.9	+1.9	0	0
深海网箱养殖-2	0	0	-3.2	+3.3	-5.9	+5.9%
总计	-12.6	+13.1	-8.0	+8.5	-8.8	+8.7

2.5.2　改进措施及建议

水产养殖业对世界粮食安全有非常重要的贡献，但其对环境的影响也不容忽视。Hosseini-Fashami 等[57]报告称，使用光伏和光伏/热系统等太阳能技术可以分别将总损害减少约 16% 和 6%，光伏板是温室草莓生产中最节能和最环保的方案。直接措施是减少红鳍东方鲀养殖对环境的影响。建设太阳能热水器和电力、风能、太阳能综合管理系统等多能综合系统，实现水产养殖的可持续生产势在必行。目前，中国近 70% 的电力来自火力发电（煤炭），但也出台了一些相关政策和建设了一批核能、风能、天然气、太阳能以及其他清洁能源替代传统化石能源的项目。这些措施可以帮助缓解红鳍东方鲀养殖过程和饲料生产过程中能源消耗对环境的影响。此外，其他研究建议使用建模方法来预测产品以及模糊优化方法和人工智能来节省能源和减少环境影响[58-59]。

案例企业的供应链需要选择绿色水平较高、环境产品性能较好的上下游合作伙伴，促进消费者观念的转变，形成绿色生产、绿色采购、绿色消费的绿色供应链管理模式，减少红鳍东方鲀养殖整个供应链对环境的影响。实验室应针对水产养殖的物理净化、生物净化、化学净化和物理结构优化等方面，开发更多环境友好、低能耗的技术。未来的技术研发应充分整合事前 LCA 进行参数优化，需要考虑生命周期环境影响或碳足迹技术服务，从而有效识别能源消耗状况，为中国水产养殖业提供改进措施。

碳汇在水产养殖中具有广阔的应用前景[60-61]。Turolla 等报道，在意大利，菲律宾蛤仔（*Ruditapes philippinarum*）养殖是一种完全可持续的水产养殖实践和碳汇，1t 蛤作为碳汇的潜在吸收能力为每年 444.55 kg CO_2。另一项研究表明，贝类和海藻养殖可以从沿海生态系统中吸收碳（3.79 ± 0.37）$\times 10^6$ t/年，去除碳（1.20 ± 0.11）$\times 10^6$ t/年。因此，中国应制定扩大贝类和藻类养殖生产的国家政策，而指定用于碳汇的物种的养殖将大大有助于中国水产养殖的碳中和目标的实现。此外，绿色技术的高效资源利用，以及将贝类和藻类加工废弃物作为水泥等其他产品的原料，将促进循环经济的形成，减少水产养殖等行业对环境的影响。

控制环境的农业，如鱼菜共生，已成为养活快速增长的全球人口的一种有希望的解决方案[62-63]。Chen 等表明，鱼菜共生系统对环境的影响比水培法低 45%。水培植物生产取代了循环养殖系统中维持水质所需的微生物硝化和换水的常规水处理工艺。因此，企业可以开发新的水培生产模式，以减少环境影响和解决碳排放问题。在综合多营养水产养殖（IMTA）中，不同营养水平的生物在同一养殖场共同养殖，以尽量减少水产养殖浪费。之前的研究报告了印度洋的红鼓鱼和海参 IMTA 情景和中国的水稻-小龙虾综合养殖系统，这些案例将为有效减少中国水产养殖企业的环境影响提供参考。

2.6 本章小结

研究结果表明，MAETP 是环境影响的最大贡献者，工业循环水养殖是环境影响最大的养殖阶段。能源消耗是影响环境绩效的关键因素。红鳍东方鲀低碳绿色发展要瞄准能源替代的重点领域。这可以通过采用本研究提出的改进措施来实现，即建立电力、风能和太阳能综合管理系统，事前

LCA 用于未来技术研发中的参数优化，以及新的生产模式，如鱼菜共生和 IMTA。这些措施将有助于决策者制定战略并改善红鳍东方鲀养殖和水产养殖业的环境绩效。

　　未来应开展更多的企业走访，全面识别整个红鳍东方鲀养殖业的环境影响。为不断获取基本信息，丰富水产养殖 LCI 数据库，支持水产养殖 LCA 研究，中国应开展更多不同水产物种和养殖策略的 LCA 研究。

参考文献

［1］Abdou K，Aubin J，Romdhane S M，et al，2017. Environmental assessment of seabass（*Dicentrarchus labrax*）and seabream（*Sparus aurata*）farming from a life cycle perspective：A case study of a Tunisian aquaculture farm［J］. Aquaculture，471：204-212.

［2］Ahmed N，Turchini G M，2021. Recirculating aquaculture systems（RAS）：environmental solution and climate change adaptation［J］. J. Clean. Prod，297：126604.

［3］Aubin J，Papatryphon E，Werf H M G，et al，2009. Assessment of the environmental impact of carnivorous finfish production systems using life cycle assessment［J］. J. Clean. Prod，17：354-361.

［4］Avadi A，Vázquez-Rowe L，Symeonidis A，et al，2020. First series of seafood datasets in ecoinvent：setting the pace for future development［J］. Int. J. Life Cycle Assess，25：1333-1342.

［5］Bai Z H，Schmidt-Traub G，Xu J C，et al，2020. A food system revolution for China in the post-pandemic world［J］. Resour. Environ. Sustain，2：100013.

［6］Bartolozzi I，Daddi T，Punta C，et al，2020. Life cycle assessment of emerging environmental technologies in the early stage of development：a case study on nanostructured materials［J］. J. Ind. Ecol，24（1）：101-115.

［7］Bergman K，Henriksson P J G，Hornborg S，et al，2020. Recirculating aquaculture is possible without major energy tradeoff：life cycle assessment of warmwater fish farming in Sweden［J］. Environ. Sci. Technol，54（24）：16062-16070.

［8］Biermann G，Geist J，2019. Life cycle assessment of common carp（*Cyprinus carpio* L.）—A comparison of the environmental impacts of conventional and organic carp aquaculture in Germany [J] . Aquaculture, 501：404-415.

[9] Bohnes F A，Hauschild M Z，Schlundt J，et al，2019. Life cycle assessments of aquaculture systems：a critical review of reported findings with recommendations for policy and system development [J] . Rev. Aquacult，11：1061-1079.

[10] Bosma R，Anh P T，Potting J，2011. Life cycle assessment of intensive striped catfish farming in the Mekong Delta for screening hotspots as input to environmental policy and research agenda [J] . Int. J. Life Cycle Assess，16：903-915.

[11] Boxman S E, Zhang Q, Bailey D, et al, 2017. Life cycle assessment of a commercial scale freshwater aquaponic system [J] . Environ. Eng. Sci，34（5）：299-311.

[12] Brenner S，Elgar G，Sandford R，et al，1993. Characterization of the pufferfish (Fugu) genome as a compact model vertebrate genome [J] . Nature，366：265-268.

[13] Cao L，Diana J S，Keoleian G A，et al，2011. Life cycle assessment of Chinese shrimp farming systems targeted for export and domestic sales [J]. Environ. Sci. Technol，45 (15)：6531-6538.

[14] Cao L，Diana J S，Keoleian G A，2013. Role of life cycle assessment in sustainable aquaculture [J] . Rev. Aquacult，5：61-71.

[15] Chary K，Aubin J，Sadoul B，et al，2020. Integrated multitrophic aquaculture of red drum (*Sciaenops ocellatus*) and sea cucumber (*Holothuria scabra*)：assessing bioremediation and life-cycle impacts [J] . Aquaculture，516：734621.

[16] 陈中祥，曹广斌，韩世成，2011. 中国虹鳟养殖模式的生命周期评价 [J] . 农业环境科学学报，30（10）：2113-2118.

[17] Chen P，Zhu G T，Kim H J，et al，2020. Comparative life cycle assessment of aquaponics and hydroponics in the Midwestern United States [J] . J. Clean. Prod，275：122888.

[18] 董登攀，宋协法，关长涛，等，2010. 褐牙鲆陆海接力养殖试验 [J] . 中国海洋大学学报（自然科学版），40（10）：38-42.

[19] Dullah H，Malek M A，Hanafiah M M，2020. Life cycle assessment of Nile tilapia (*Oreochromis niloticus*) farming in Kenyir Lake，Terengganu [J] . Sustainability，12（6）：2268.

[20] NCCOS，2021. FishStatJ v4. 01. 4 [EB/OL] . https：//coastalscience. noaa. gov/ products/fishstatj/.

[21] Feng TT，Li R，Zhang H M，et al，2021. Induction mechanism and optimization of tradable green certificates and carbon emission trading acting on electricity market in

China [J] . Resour. Conserv. Recycl，169：105487.

[22] Forchino A A，Lourguioui H，Brigolin D，et al，2017. Aquaponics and sustainability：the comparison of two different aquaponic techniques using the life cycle assessment (LCA) [J] . Aquac. Eng，77：80-88.

[23] Fréon P，Durand H，Avadí A，et al，2017. Life cycle assessment of three Peruvian fishmeal plants：toward a cleaner production [J] . J. Clean. Prod，145：50-63.

[24] Gephart J A，Henriksson P J G，Parker R W R，et al，2021. Environmental performance of blue foods [J] . Nature，597：360-366.

[25] He G，Victor D G，2017. Experiences and lessons from China's success in providing electricity for all [J] . Resour. Conserv. Recycl，122：335-338.

[26] Hellweg S，Canals L M，2014. Emerging approaches，challenges and opportunities in life cycle assessment [J] . Science，344 (6188)：1109-1113.

[27] Hosseini-Fashami F，Motevali A，Nabavi-Pelesaraei，et al，2019. Energy-life cycle assessment on applying solar technologies for greenhouse strawberry production. Renew. Sustain [J] . Energy Rev，116：109411.

[28] Hou H C，Shao S，Zhang Y，et al，2019. Life cycle assessment of sea cucumber production：a case study，China [J] . J. Clean. Prod，213：158-164.

[29] Hu N，Liu C，Chen Q，et al，2021. Life cycle environmental impact assessment of rice-crayfish integrated system：a case study [J] . J. Clean. Prod，280：124440.

[30] Hung M L，Ma H W，2009. Quantifying system uncertainty of life cycle assessment based on Monte Carlo simulation [J] . Int. J. Life Cycle Assess，14：19-27.

[31] ISO，2006a. Environmental Management-Life Cycle Assessment-Principles And Framework (ISO 14040：2006) . International Organization for Standardization (ISO)，Geneva.

[32] ISO，2006b. Environmental Management-Life Cycle Assessment-Requirements And Guidelines (ISO 14044：2006) . International Organization for Standardization (ISO)，Geneva.

[33] Jaeger C，Foucard P，Tocqueville A，et al，2019. Mass balanced based LCA of a common carp lettuce aquaponics system [J] . Aquac. Eng，84：29-41.

[34] Kaab A，Sharifi M，Mobli H，et al，2019. Combined life cycle assessment and artificial intelligence for prediction of output energy and environmental impacts of sugarcane production [J] . Sci. Total Environ，664：1005-1019.

[35] Khanali M，Mousavi S A，Sharifi M，et al，2018. Life cycle assessment of canola

edible oil production in Iran：a case study in Isfahan province［J］. J. Clean. Prod. 196：714-725.

［36］Kim Y，Zhang Q，2018. Economic and environmental life cycle assessments of solar water heaters applied to aquaculture in the US［J］. Aquaculture，495：44-54.

［37］Konstantinidis E，Perdikaris C，Gouva E，et al，2020. Assessing environmental impacts of sea bass cage farms in Greece and Albania using life cycle assessment［J］. Int. J. Environ. Res，14：693-704.

［38］Lago J，Rodríguez L P，Blanco L，et al，2015. Tetrodotoxin，an extremely potent marine neurotoxin：distribution，toxicity，origin and therapeutical uses［J］. Mar. Drugs 13：6384-6406.

［39］李莉，王雪，潘雷，等，2017. 斑点鳟陆海接力养殖初步研究［J］. 渔业现代化，44（6）：9-12，18.

［40］Li W B，Yang M Y，He Z X，et al，2021. Assessment of greenhouse gasses and air pollutant emissions embodied in cross-province electricity trade in China［J］. Resour. Conserv. Recycl，171：105623.

［41］Maiolo S，Parisi G，Biondi N，et al，2019. Fishmeal partial substitution within aquafeed formulations：life cycle assessment of four alternative protein sources［J］. Int. J. Life Cycle Assess，25：1455-1471.

［42］Maiolo S，Forchino A A，Faccenda F，et al，2021. From feed to fork-life cycle assessment on an Italian rainbow trout（*Oncorhynchus mykiss*）supply chain［J］. J. Clean. Prod，289：125155.

［43］Malone R，2013. Recirculating Aquaculture Tank Production Systems：A Review of Current Design Practice［J］. Southern Regional Aquaculture Center，USA.

［44］Martins C I M，Eding E H，Verdegem M C J，et al，2010. New developments in recirculating aquaculture systems in Europe：a perspective on environmental sustainability［J］. Aquac. Eng，43（3）：83-93.

［45］Maurice B，Frischknecht R，Coelho-Schwirtz V，et al，2000. Uncertainty analysis in life cycle inventory. Application to the production of electricity with French coal power plants［J］. J. Clean. Prod，8：95-108.

［46］Men L，Li Y Z，Wang X L，et al，2020. Protein biomarkers associated with frozen Japanese puffer fish（*Takifugu rubripes*）quality traits［J］. Food Chem，327：127002.

［47］Metian M，Troell M，Christensen V，et al，2020. Mapping diversity of species in global aquaculture [J] . Rev. Aquacult，12：1090-1100.

[48] Nabavi-Pelesaraei A，Rafiee S，Mohtasebi S S，et al，2019. Comprehensive model of energy，environmental impacts and economic in ricemilling factories by coupling adaptive neuro-fuzzy inference system and life cycle assessment [J] . J. Clean. Prod，217：742-756.

[49] Naylor R L，Hardy R W，Buschmann A H，et al，2020. A 20-year retrospective review of global aquaculture [J] . Nature，591：551-563.

[50] Nhu T T，Schaubroeck T，Henriksson P J G，et al，2016. Environmental impact of non-certified versus certified（ASC）intensive *Pangasius* aquaculture in Vietnam，a comparison based on a statistically supported LCA [J] . Environ. Pollut，219：156-165.

[51] Ordikhani H，Parashkoohi M G，Zamani D M，et al，2021. Energy-environmental life cycle assessment and cumulative exergy demand analysis for horticultural crops （case study：Qazvin province）[J] . Energy Rep，7：2899-2915.

[52] Pelletier N，Tyedmers P，Sonesson U，et al，2009. Not all salmon are created equal：life cycle assessment（LCA）of global salmon farming systems [J]. Environ. Sci. Technol，43（23）：8730-8736.

[53] Salemdeeb R，Saint R，Clark W，et al，2021. A pragmatic and industry-oriented framework for data quality assessment of environmental footprint tools [J]. Resour. Environ. Sustain，100019.

[54] Sampaio A P C，Filho M S M，Castro A L A，et al，2017. Life cycle assessment from early development stages：the case of gelatin extracted from tilapia residues [J]. J. Life Cycle Assess，22：767-783.

[55] Samuel-Fitwi B，Schroeder J P，Schulz C，2013. System delimitation in life cycle assessment（LCA）of aquaculture：striving for valid and comprehensive environmental assessment using rainbow trout farming as a case study [J] . J. Life Cycle Assess，18：577-589.

[56] Song X Q，Liu Y，Pettersen J B，et al，2019. Life cycle assessment of recirculating aquaculture systems a case of Atlantic salmon farming in China [J] . J. Ind. Ecol，23 （5）：1077-1086.

[57] Song J，Yin Y M，Li Y H，et al，2020. In-situ membrane fouling control by electrooxidation and microbial community in membrane electro-bioreactor treating aquaculture seawater [J] . Bioresour. Technol，314：123701.

［58］Tang Q S，Zhang J H，Fang J G，2011. Shellfish and seaweed mariculture increase atmospheric CO_2 absorption by coastal ecosystems ［J］. Mar. Ecol. Prog. Ser，424：97-104.

［59］Tsoy N，Steubing B，van der Giesen C，et al，2020. Upscaling methods used in ex ante life cycle assessment of emerging technologies：a review ［J］. J. Life Cycle Assess. 25（9）：1680-1692.

［60］Turolla E，Castaldelli G，Fano E A，et al，2020. Life cycle assessment（LCA）proves that Manila clam farming（*Ruditapes philippinarum*）is a fully sustainable aquaculture practice and a carbon sink ［J］. Sustainability，12（13）：5252.

［61］Van der Giesen C，Cucurachi S，Guinee J，et al，2020. A critical view on the current application of LCA for new technologies and recommendations for improved practice ［J］. J. Clean. Prod，259：120904.

［62］Wang H X，Zhang J F，Fang H，2017. Electricity footprint of China's industrial sectors and its socioeconomic drivers ［J］. Resour. Conserv. Recycl，124：98-106.

［63］Zhang Y，Qin C L，Hou H C，et al，2020. Environmental benefit evaluation of shell resource utilization based on LCA：a case study of Dalian ［J］. Environ. Pollut. Control，42（1）：124-128.

3 传统与创新增氧机制造的生命周期评价的比较

3.1 引　　言

中国的目标是到 2025 年实现水产养殖机械化率 50%。增氧机是水产养殖中提高产量的关键机械设备，但其制造会对环境产生影响[1-4]。在中国，提高产量和控制增氧机的环境影响是一个必须考虑的重要问题，比较制造创新增氧机和传统增氧机对环境的影响也是如此[5-6]。本文采用生命周期评价（LCA）作为定量分析方法，选取三种广泛使用的增氧机（叶轮、桨轮、波浪）的六种模型，比较中国台州大型增氧机制造企业的常规与创新增氧机的环境影响。结果表明，常规桨轮增氧机（SC-1.5）的环境影响最大，而创新桨轮增氧机（GSC-1.5）的环境影响最低，减少了 30%。此外，创新叶轮增氧机（SYL-1.5）和波浪增氧机（GYL-1.5）的环境影响小于常规叶轮增氧机（YL-1.5）、波浪增氧机（SW-1.5），但分别仅降低了 0.21% 和 0.02%。人类毒性潜值（HTP）贡献最大，铜线的制造至关重要，所有材料投入对环境的影响从 96.50% 上升到 98.21%。铁和不锈钢的贡献分别为 1.05%～1.28% 和 0.74%～1.04%，因此，环保性能优异的导电材料，如碳纳米材料、纳米铜线等，应该在增氧机制造中取代铜线。研究结果拓展了水产养殖生命周期知识，可以减少中国增氧机制造对环境的影响。

3.2　简介及文献综述

与农牧业相比，中国水产养殖机械化发展起步较晚，手工生产方式仍占主导地位。2020 年，中国水产养殖机械化率约为 32%。因此，要实现中国水产养殖现代化，就需要推进机械化[7-8]。

在水产养殖中，溶解氧（DO）浓度是维持池塘水生生物健康的最重要因素。增氧机是水产养殖中使用的主要机械设备，它们有助于实现高密度和高产。增氧机的主要作用是在为水产养殖产品提供充足氧气的同时抑制池塘水中厌氧细菌的生长，防止对环境造成负面影响。因此，增氧机被认为是放养密度高的水产养殖池塘的"肺"。

2019 年，全国水产养殖使用增氧机 326 万台，总功率 651 万 kW。增氧机的主要类型有叶轮式、波浪式、桨轮式。叶轮式增氧机在中上游水流区产生均匀的 DO，适用于大型水池和应急供氧处理。其缺点是结构复杂、成本高，不适合浅水养殖池塘[9-10]。波浪增氧机主要用于中国北方冬季冰层下的水加氧，这类增氧器适合特定的环境，但缺点包括只能局部充氧，而且比其他类型消耗更多的能量[11-12]。桨轮增氧机最重要的特点是在加氧、搅拌水、曝气的同时，能够在养殖池塘中产生定向水流。桨轮增氧机的优点包括维护成本低，适用于面积为 1 000～2 500m² 的养殖池塘和浅层养殖池塘。

国内主要的养殖模式是浅池，因此，使用最广泛的增氧机类型是桨轮式。桨轮增氧机适用于大型池塘（>5 000m³），能保持比其他增氧机更好的水质。对小龙虾池塘进行桨轮增氧对水质影响的分析表明[13-16]，与不增氧的池塘相比，使用桨轮增氧机减少了池塘冲洗的频率，减少了缺氧的发生。Roy 等测定了不同速度下叶轮式增氧机的氧气渗透率、氧气效率和氧合成本，结果显示，桨轮增氧机可为养殖户降低了产氧成本和经济效益。

21 世纪以来，增氧机技术不断进步。机械结构的创新提高了增氧机的增氧能力、氧传递效率、负荷面积、连续供氧能力，使其能够满足中国水产养殖密度不断增加的需求[17]。近年来，有人提出了一种水产养殖增氧的新方法，它由桨轮增氧机组成，带有可动叶片，入水时打开，出水时关闭[18-19]，并在此基础上将动桨桨轮增氧机与常规（固定桨叶）桨轮增氧机的功耗进行了比较。Omofunmi 等考察了增氧的重要性和功能，并为尼日利亚的中小型养鱼户开发了具有成本效益的桨轮增氧机原型[20-21]。

LCA 被广泛用于评估水产品养殖过程的环境绩效。Hou 等对中国的红鳍东方鲀养殖进行了 LCA 分析，并报告了减少环境影响的改进措施。Kallitsis 等对来自希腊生产商的地中海鲈（*Dicentrarchus labrax*）和海鲷（*Sparus aurata*）进行了生命周期评价分析[22-24]。Hou 等对海参（*Stichopus japonicus*）生产进行了 LCA 研究，探讨了关键环境影响因素和阶段[25]。Turolla 等使用 LCA 证明菲律宾蛤仔养殖是一种完全可持续的水产养殖实践[26]。

大多数比较 LCA 的研究集中在比较相同生产的不同方法和不同技术

的环境绩效。Cucinotta 等提出了一个从摇篮到坟墓的比较 LCA，两个姊妹游轮使用柴油和液化天然气（LNG）机械系统，LNG 在环境方面表现更好。Karapekmez 和 Dincer 使用 LCA 通过比较环境影响和系统来揭示哪种类型的生物质可以更好地取代化石燃料性能。Chen 等对中国太阳能一体化甲醇生产系统的生命周期环境和经济性能进行了分析和比较，通过情景分析得出优化措施和改进策略。在力学研究中，利用 LCA 对不同类型风力机的发电量进行了比较，发现环境影响主要集中在基础、塔和机舱的制造过程中，主要驱动因素是铜和钢的使用[27]。对于手动和自动设备，Saidani 等量化比较了机器人割草机与人工操作的同类割草机的环境和经济可持续性[28]。通过 LCA，定量探讨了自主和传统割草方案之间的环境和经济权衡。这些 LCA 研究中采用的方法可以应用于评估传统和创新增氧机制造的环境影响。2019 年，为促进水产养殖机械化发展，中国政府出台政策，提出到 2025 年，水产养殖机械化率要达到 50% 以上。因此，作为水产养殖中的主要机械设备，增氧机生产的产量必须大幅提高，需要增氧机制造的新技术，对环境的影响也不容忽视。因此，在提高中国增氧机产量的同时，有效控制环境影响，保持生态环境的稳定，是一个重要的问题[29-30]。

关于增氧机制造的比较 LCA 的研究尚未见报道。本章基于国内增氧机生产企业的实际数据，采用 LCA 方法对叶轮、桨轮、波浪三种最常用的增氧机类型中的六种模型进行了常规增氧机和创新增氧机的环境影响评价。探讨了传统与创新增氧机在环境影响方面的差异，包括材料替代、外形设计等因素。研究结果可以改善中国增氧机制造过程的环境性能，并扩大水产养殖基础数据库的生命周期。此外，研究结果可为基于 LCA 的其他水产养殖设备环境影响分析提供参考。

3.3　材料与方法

3.3.1　目标与范围确定

采用基于 ISO 14040 和 ISO 14044 的 LCA 方法对增氧机制造过程的环境影响进行评价。LCA 由四个阶段组成：目标和范围确定、清单分析、影响评价和解释。本研究的目标是分析增氧机制造过程的环境影响，并估计传统增氧机与创新增氧机之间的差异。LCA 结果用于确定这些过程中的潜在途径，这些途径可以最大限度地减少增氧器制造对环境的影响。此外，建立了生命周期清单，为丰富水产养殖机械生命周期清单（LCI）数据库和支持水产养殖 LCA 研究提供必要信息。

中国台州大型商用增氧机制造企业浙江富地机械有限公司创建于1990 年，年产水产养殖机械 30 万台。企业产品出口到 59 个国家和地区，公司被浙江省授予中国国家高新技术、农业科技企业称号。为保证数据质量和准确性，据调查，该企业平均每天可生产 100 台不同型号的增氧机，因此，本次研究选择 100 台增氧机作为功能单元。

3.3.1.1 增氧机制造工艺说明

增氧机的制造工艺包括浮船加工、电动机加工、零件加工、铜线加工等。在浮艇加工中，生产了浮艇、浮球和覆盖电动机的防水层。对于电动机加工，不锈钢的切割和焊接以及电动机和电力线的生产由机械设备进行，电动机安装和铜线绕组由人工进行。增氧机的聚乙烯（PE）叶轮、聚丙烯（PP）叶轮和不锈钢部件由零件加工车间的机械设备按规格生产。从上游供应商采购铁板不锈钢、铜丝、PE、PP、尼龙（PA）。整个制造过程只使用电力为生产提供能源。固体废物由专门的处置机构运输和处理，运输距离为 20km，运输卡车使用汽油，运输过程中产生温室气体排放。增氧机的制造过程如图 3.1 所示。

3.3.1.2 传统与创新增氧机的比较

与常规叶轮增氧机（YL-1.5）相比，在有氧能力和动力效率一致的情况下，创新叶轮增氧机（SYL-1.5）的浮船形状进行了改变，减少了制造过程中铁板不锈钢等原材料的用量，也减少了用电量。采用 PP 代替 PE加工叶轮。与传统的桨轮增氧机（SC-1.5）相比，创新的桨轮增氧机(GSC-1.5)外形有了很大的改进，浮子的装配方式由平行式改为交叉式，减少了不锈钢铁板和固定 PA 等制造支撑架材料。使用 PP 轮代替 PE 轮，增加了轮的数量并改变了轮的形状，以便在运行过程中产生更多的氧气。与传统的波浪增氧机（SW-1.5）相比，创新的波浪增氧机（GYL-1.5）改进了浮子的形状，并使用 PP 代替传统的 PE 浮子，在保持相同功效的同时减轻了增氧机的重量，增加了氧气容量。

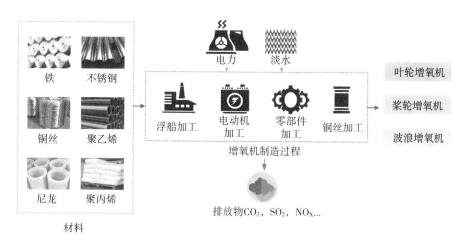

图 3.1 增氧机的制造过程

3.3.2 清单分析

需要进行清单分析，以收集增氧机制造过程中每个阶段的材料投入、能耗和污染物排放输出数据。通过企业调研、文献查阅和数据库研究，确定了三种增氧机制造工艺的六种型号的 LCI（表 3.1）。铁铜线、不锈钢、PE、PP、PA、电和柴油从 GaBi 专业数据库 2021 中获得。增氧机制造过程中的电量、铁铜线用量、不锈钢用量、PE 用量、PP 用量、PA 用量来源于企业年度统计报告。PP 仅用于 SYL-1.5、SC-1.5、GSC-1.5 和 GYL-1.5 四种类型的增氧机的制造过程中。PA 仅在 SC-1.5 的制造过程中使用。GSC-1.5 没有使用不锈钢作为框架结构材料，而是使用了更多的 PP。运输过程中的运输距离和柴油消耗数据来源于运输公司的记录。CO_2、SO_2 和 NO_x 的排放输出结果从 Ecoinvent 3.7 数据库中计算。

表 3.1 三种增氧机制造工艺六种型号（100 台）的生命周期清单

对象/类别	单位	叶轮增氧机		桨轮增氧机		波浪增氧机	
		YL-1.5	SYL-1.5	SC-1.5	GSC-1.5	SW-1.5	GYL-1.5
铁	kg	3 640	2 800	3 600	3 000	2 850	2 850
铜丝	kg	2 300	2 300	2 800	2 000	2 300	2 300
不锈钢	kg	1 320	90	364	/	122	122

（续）

对象/类别	单位	叶轮增氧机		桨轮增氧机		波浪增氧机	
		YL-1.5	SYL-1.5	SC-1.5	GSC-1.5	SW-1.5	GYL-1.5
聚乙烯	kg	1 250	250	2 400	1 400	2 500	1 750
聚丙烯	kg	—	100	1 000	7 200	—	800
尼龙	kg	—	—	1 600		—	—
电	KW·h	2 000	1 400	3 500	5 000	2 000	1 500
柴油	kg	0.54	0.42	0.54	0.45	0.43	0.43
运输距离	km	20	20	20	20	20	20
CO_2	kg	1.24	0.97	1.24	1.04	0.99	0.99
NO_X	kg	0.004	0.003	0.004	0.003	0.003	0.003
SO_2	kg	0.005	0.004	0.005	0.004	0.004	0.004

3.3.3　影响评价

影响评价是 LCA 的关键环节。在这一步中，可选的评估方法包括表征、归一化和加权。归一化是对每个类别的环境影响潜在价值的直观反映，可以帮助揭示每个类别的相对大小，并识别和量化不同系统和阶段的环境影响。LCA 的表征［式（1）］和归一化［式（2）］步骤的公式如下：

$$特征化结果 = \sum_i m_i \times 特征化因子 \qquad (1)$$

其中，m_i 表示系统边界内第 i 个物质的输入或输出的量化结果（如污染物排放、资源能源消耗、资源能源开发、土地利用等）。

$$标准化结果 = \frac{特征化结果}{标准化参考值} \qquad (2)$$

为了比较传统工艺和创新工艺对环境的影响，将 LCA 步骤归一化。使用归一化结果将环境影响结果整理成不同的增氧机和影响类别，并分析主要的环境问题和防止污染的机会。不同影响类别的归一化结果可以相加，因为它们的权重相等，并且可以满足环境决策措施。本研究采用 GaBi 10.5 学术版 LCA 软件，CML-IA-Aug. 2016-world 方法。该方法的主要研究对象为能源消耗、污染物产出和生态破坏。其原理是在对传统 LCI 进行表征和归一化分析的基础上提出的，适用于增氧机制造过程的

LCA。在评估中使用了以下 11 个 LCA 影响类别：非生物资源消耗潜值（元素）（ADP_e）、非生物资源消耗潜值（化石）（ADP_f）、酸化潜值（AP）、富营养化潜值（EP）、淡水水生生态毒性潜值（FAETP）、全球变暖潜值（GWP）、人类毒性潜值（HTP）、海洋水生生态毒性潜值（MAETP）、臭氧层消耗潜值（ODP）、光化学臭氧生成潜值（POCP）和陆地生态毒性潜值（TETP）。

3.4　研究结果

3.4.1　三种增氧机制造工艺六种型号的归一化结果

计算归一化结果以分析不同类型增氧机制造工艺模型的环境影响并对其贡献进行排名（表 3.2）。

表 3.2　三种增氧机制造工艺（100 台）的六种型号归一化结果

类别/型号	叶轮式		桨轮式		波浪式	
	YL-1.5	SF-1.5	SC-1.5	GSC-1.5	SW-1.5	GYL-1.5
ADP_e	1.31×10^{-09}	1.32×10^{-09}	1.67×10^{-09}	1.11×10^{-09}	1.31×10^{-09}	1.32×10^{-09}
ADP_f	6.11×10^{-10}	4.63×10^{-10}	1.27×10^{-09}	8.16×10^{-10}	6.96×10^{-10}	7.74×10^{-10}
AP	1.38×10^{-10}	1.18×10^{-10}	2.72×10^{-10}	1.88×10^{-10}	1.41×10^{-10}	1.40×10^{-10}
EP	2.20×10^{-11}	1.81×10^{-11}	3.98×10^{-11}	2.77×10^{-11}	2.19×10^{-11}	2.24×10^{-11}
FAETP	8.29×10^{-09}	8.26×10^{-09}	1.02×10^{-08}	7.23×10^{-09}	8.30×10^{-09}	8.32×10^{-09}
GWP	3.54×10^{-10}	2.80×10^{-10}	6.33×10^{-10}	4.35×10^{-10}	3.57×10^{-10}	3.75×10^{-10}
HTP	4.59×10^{-07}	4.60×10^{-07}	5.67×10^{-07}	3.96×10^{-07}	4.59×10^{-07}	4.59×10^{-07}
MAETP	1.47×10^{-07}	1.45×10^{-07}	1.83×10^{-07}	1.31×10^{-07}	1.46×10^{-07}	1.46×10^{-07}
ODP	2.16×10^{-16}	2.16×10^{-16}	2.63×10^{-16}	1.88×10^{-16}	2.16×10^{-16}	2.16×10^{-16}
POCP	8.42×10^{-11}	6.74×10^{-11}	1.85×10^{-10}	1.27×10^{-10}	9.32×10^{-11}	9.64×10^{-11}
TETP	4.53×10^{-08}	4.52×10^{-08}	5.51×10^{-08}	3.94×10^{-08}	4.53×10^{-08}	4.53×10^{-08}
总计	6.62×10^{-07}	6.61×10^{-07}	8.19×10^{-07}	5.76×10^{-07}	6.61×10^{-07}	6.61×10^{-07}

三种增氧机制造工艺的六种型号的生命周期归一化结果如图 3.2 所示。与 SC-1.5 相比，GSC-1.5 减少了铜线和不锈钢的使用，并采用环保材料 PP 代替 PE 制造桨轮。材料技术的革新使得环境影响发生了显著的变化。根据评价结果，常规桨轮增氧机（SC-1.5）的环境影响最大，而创

新桨轮增氧机（GSC-1.5）的环境影响最小，减少了30%。此外，创新叶轮增氧机（SYL-1.5）的环境影响小于常规叶轮增氧机（YL-1.5），创新波浪增氧机（GYL-1.5）的环境影响小于常规波浪增氧机（SW-1.5），但分别仅为0.21%和0.02%。显然，这四种型号的增氧机制造工艺在环境影响上的差异很小，因为改变浮子的形状对环境影响的影响并不显著。

　　然而，2019年中国的增氧机数量达到326万台，随着水产养殖机械化政策的干预，未来这一数字将会增加，尤其是桨轮增氧机。因此，在产量大的背景下，环境影响的小差异将被放大。技术创新可以在一定程度上有效降低增氧机制造过程对环境的影响，创新增氧机具有环境性能优势，可以帮助水产养殖实现机械化可持续发展目标。

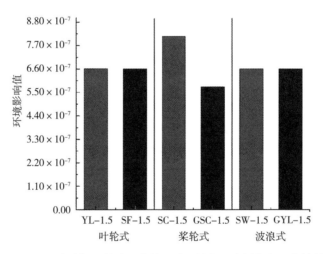

图3.2　三种增氧机制造工艺的六种型号的生命周期归一化结果

　　为了进一步研究三种增氧工艺的六种模式对环境的影响，在归一化结果的基础上，选择了与能源使用、人类健康和生态系统密切相关的TETP、MAETP、HTP和FAETP影响类别，并将另外7个环境影响类别整合为"其他"。根据生命周期归一化结果，可以发现HTP和MAETP是影响贡献最大的环境类别（图3.3）。结果表明，HTP的环境影响最大，占6种型号增氧机总环境影响的68.71%～69.64%。造成HTP对环境影响的关键因素是铜线的制造工艺。在铜线生产过程中，使用硫酸和碱液，随废水排放Cu^{2+}、Cr^{6+}。MAETP占6种型号增氧机制造过程总环境影响的 21.90%～22.73%；铜线制造、不锈钢板制造和增氧机加工过程中化石能源和电力的消耗是造成 MAETP 影响较大的主要因素。

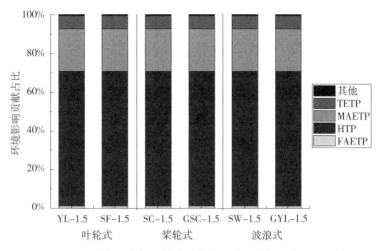

图 3.3　三种类型增氧机制造工艺的 6 种型号的环境影响贡献

原料的投入对增氧机制造工艺的环境性能起着决定性的作用。本研究分析了三种类型增氧机制造工艺的六种模型的材料投入对环境的影响贡献。铁、铜丝、不锈钢、PE、PP、PA 是本研究的主要材料投入，其环境影响贡献见表 3.3。

表 3.3　三种增氧机制造工艺（100 台）的六种型号归一化结果

材料/输入	叶轮式		桨轮式		波浪式	
	YL-1.5	SF-1.5	SC-1.5	GSC-1.5	SW-1.5	GYL-1.5
聚乙烯	0.30%	0.17%	0.47%	0.39%	0.42%	0.53%
铁	1.34%	1.09%	1.08%	1.28%	1.05%	1.05%
铜丝	97.56%	97.68%	96.50%	98.21%	97.77%	97.68%
不锈钢	0.80%	1.04%	1.80%	—	0.74%	0.74%
聚丙烯	—	0.03%	0.12%	0.13%	0.01%	—
尼龙	—	—	0.03%	—	—	—

铜丝在 6 种增氧机制造工艺中做出了决定性的环境影响贡献，贡献结果为 96.50%～98.21%。此外，铁和不锈钢的贡献分别在 1.05%～1.28% 和 0.74%～1.04%。因此，未来减少环境影响的改进措施应主要集中在改变增氧机制造过程中的原材料类型上。在本研究中，GSC-1.5 增

氧机使用 PP 完全取代不锈钢来制作增氧机框架结构，这种改进策略和材料替代应该应用到其他类型和未来所有创新的增氧机制造工艺中。

3.4.2 不确定性分析

LCA 数据质量的不确定性分析是决策者判断产品或工艺选择差异的一个重要方面。一项研究表明，蒙特卡罗方法可以使用概率分布来量化变异性和不确定性，从而揭示不确定性的影响。因此，本研究采用蒙特卡罗模拟来评估不确定性的影响。有 1 000 个这样的排名，并计算了 95% 的置信区间。仿真结果显示，不确定性范围内的变化窄而接近，各类型增氧机的总体排名相似（表 3.4）。

表 3.4　三种类型增氧机制造工艺（100 台）的六种型号进行了蒙特卡罗仿真

类型	型号	归一化结果	蒙特卡罗模拟结果		
			95% 置信区间	均值	标准差
叶轮式	YL-1.5	6.62×10^{-7}	$6.52 \times 10^{-7} - 6.70 \times 10^{-7}$	6.62×10^{-7}	6.56×10^{-9}
	SF-1.5	6.60×10^{-7}	$6.50 \times 10^{-7} - 6.69 \times 10^{-7}$	6.60×10^{-7}	6.70×10^{-9}
桨轮式	SC-1.5	8.13×10^{-7}	$8.02 \times 10^{-7} - 8.24 \times 10^{-7}$	8.13×10^{-7}	8.39×10^{-9}
	GSC-1.5	5.76×10^{-7}	$5.67 \times 10^{-7} - 5.84 \times 10^{-7}$	5.76×10^{-7}	5.88×10^{-9}
波浪式	SW-1.5	6.61×10^{-7}	$6.52 \times 10^{-7} - 6.70 \times 10^{-7}$	6.61×10^{-7}	6.58×10^{-9}
	GYL-1.5	6.61×10^{-7}	$6.52 \times 10^{-7} - 6.70 \times 10^{-7}$	6.61×10^{-7}	6.69×10^{-9}

3.4.3 结果讨论

增氧机制造过程的 LCA 结果表明，铜丝的使用是最关键的环境因素，对 HTP 贡献最大，而铜丝生产过程中的化石能源和电力消耗则是最大的环境因素。铜线制造、不锈钢板制造和增氧机加工对 MAETP 的环境影响贡献有影响。此外，对传统增氧机和创新增氧机的比较表明，改变浮子的形状对环境影响没有显著影响。因此，改善增氧机制造对环境影响的措施应侧重于铜线的减少和创新。

铜线的制造和终端处置过程释放有毒有机污染物，污染周边土壤、地下水和生态系统。目前，输电线路大多采用铝线，而地球上铝资源丰富，冶炼成本较低，密度较低，因此，对于增氧器来说，铝线将是比铜线更环保的材料。此外，还发现了具有独特性能的新兴透明导电纳米材料。这些材料包括碳纳米管（碳纳米管）、石墨烯和金属纳米结构，它们都可以取代铜线。这些新材料的材料和生产成本更低，对环境的影响也更小，可能会提供环保导电材料。

太阳能清洁、可再生，由于不产生温室气体或危险废物，被广泛用于缓解全球环境问题。在远离电网的偏远地区，太阳能光伏系统具有巨大的优势。Applebaum 等在以色列展示了用于鱼塘的太阳能桨轮增氧系统的性能，Tanveer 等证明了用于鱼塘养殖的光伏太阳能充氧系统的可行性。太阳能光伏充氧系统的适应性对渔业生产的改善，以及环境绩效都有直接的影响。因此，太阳能光伏是鱼塘增氧机的最佳能源[31-32]。创新增氧机的设计应着眼于能源类型的改进，制造利用太阳能替代电网电力和柴油能源的增氧机尤为重要。

中国正在积极推进水产养殖机械化，特别是池塘养殖机械化。在池塘养殖中应用的机械设备包括投料机、污水处理系统和增氧机，所有这些都将受益于新的设计和创新，以满足市场对机械设备的需求。因此，应利用 LCA 对水产养殖机械设备制造过程的环境影响进行研究，为提高产量和权衡环境影响提供参考。本研究主要针对增氧机制造工艺的环境影响进行研究。在未来的研究中，应对养殖条件下 6 种增氧机制造工艺模式的增氧效率、能耗和经济效益进行比较 LCA。

3.5　本章小结

研究结果表明，传统的桨轮增氧机（SC-1.5）对环境的影响最大，而创新的桨轮增氧机（GSC-1.5）对环境的影响最低，减少了 30%。HTP 是对环境影响贡献最大的类别，铜线的使用是影响环境的最关键因素，对所有材料投入的影响范围为 96.50%～98.21%，铁和不锈钢的贡献分别为 1.05%～1.28% 和 0.74%～1.04%。因此，在增氧机的制造工艺中，应选用环保性能优良的导电材料代替铜线，如碳纳米管、纳米铜线等。在未来的研究中，应在养殖条件下对 6 种型号增氧机的增氧效率、能耗和经济效益进行比较 LCA。此外，还应进行进一步的 LCA 比较不同类别的增氧机和其他水产养殖机械设备制造工艺，以获得新的见解，丰富水产养殖LCI 数据库，为中国水产养殖机械设备制造商的产量提高和环境影响权衡提供参考。

参考文献

［1］Cancino B，Roth P，Reuß M，2004. Design of high efficiency surface aerators：Part 1. Development of new rotors for surface aerators ［J］. Aquacult. Eng，31：83-98.

［2］Baylar A，Emiroglu M E，Bagatur T，2006. An experimental investigation of aeration performance in stepped spillways ［J］. Water Environ. J，20：35-42.

［3］中国农业机械工业协会（CAAMM），2020. 中国农业机械工业年鉴 ［M］. 北京：中国农业机械工业年鉴出版社.

［4］Kumar A，Moulick S，Mal B C，2013. Selection of aerators for intensive aquacultural pond ［J］. Aquacult. Eng，56：71-78.

［5］Pfeiffer T J，Lawson T B，Church G E，2007. Engineering considerations for water circulation in crawfish ponds with paddlewheel aerators ［J］. Aquacult. Eng，36：239-249.

［6］Romaire R P，Merry G E，2007. Effects of paddle wheel aeration on water quality in crawfish ponds ［J］. J. Appl. Aquac，19：61-75.

［7］Roy S M，Moulick S，Mukherjee C K，et al，2015. Effect of rotational speeds of paddle wheel aerator on aeration cost ［J］. Am. Res. Thoughts，2：3069-3087.

［8］Moulick S，Mal B C，Bandyopadhyay S，2002. Prediction of aeration performance of paddle wheel aerators ［J］. Aquac. Eng，25：217-237.

［9］Moulick S，Bandyopadhyay S，Mal B C，2005. Design characteristics of single hub paddle wheel aerator ［J］. J. Environ. Eng，131：1147-1154.

［10］Bahri S，Setiawan R P A，Hermawan W，et al，2015. Design and Simulation of Paddle Wheel Aerator with Movable Blades ［J］. Int. J. Eng. Sci，6：812-816.

［11］Bahri S，Setiawan R P A，Hermawan W，et al，2016. The Power Consumption of Paddlewheel Aerator with Moveable Blades ［J］. ICESReD，v：161-166.

［12］Omofunmi O E，Adewumi J K，Adisa A F，et al，2017. Development of a paddle wheel aerator for small and medium fish farmers in Nigeria ［J］. AMA AGR Mech. Asia AF，48：22-26.

［13］Hellweg S，Canals L M，2014. Emerging approaches，challenges and opportunities in life cycle assessment. Science，344：1109-1113.

［14］ Hou H H，Zhang Y，Ma Z，et al，2022. Life cycle assessment of tiger puffer (*Takifugu rubripes*) farming：A case study in Dalian，China ［J］. Sci. Total Environ，823：153522.

［15］ Kallitsis E，Korre A，Mousamas D，et al，2020. Environmental Life Cycle Assessment of Mediterranean Sea Bass and Sea Bream ［J］. Sustainability，12：9617.

［16］ Hou H C，Shao S，Zhang Y，et al，2019. Life cycle assessment of sea cucumber production：A case study，China ［J］. J. Clean. Prod，213：158-164.

［17］ Turolla E，Castaldelli G，Fano E A，et al，2020. Life Cycle Assessment（LCA） Proves that Manila Clam Farming（*Ruditapes philippinarum*）is a Fully Sustainable Aquaculture Practice and a Carbon Sink ［J］. Sustainability，12：5252.

［18］ Cucinotta F，Raffaele M，Salmeri F，et al，2021. A comparative Life Cycle Assessment of two sister cruise ferries with Diesel and Liquefied Natural Gas machinery systems ［J］. Appl. Ocean Res，122：102705.

［19］ Karapekmez A，Dincer I，2020. Comparative efficiency and environmental impact assessments of a solar assisted combined cycle with various fuels ［J］. Appl. Therm. Eng，164：114409.

［20］ Chen Q Q，Gu Y，Tang Z Y，et al，2019. Comparative environmental and economic performance of solar energy integrated methanol production systems in China ［J］. Energy Convers. Manag，187：63-75.

［21］ Schreiber A，Marx J，Zapp P，2019. Comparative life cycle assessment of electricity generation by different wind turbine types ［J］. J. Clean. Prod，233：561-572.

［22］ Saidani M，Pan Z H，Kim H，et al，2021. Comparative life cycle assessment and costing of an autonomous lawn mowing system with human-operated alternatives：Implication for sustainable design improvements ［J］. Int. J. Sustain. Eng，14：704-724.

［23］ ISO 14040：2006，Environmental management — life cycle assessment—principles and framework. International Organization for Standardization（ISO）：Geneva，Switzerland，2006.

［24］ ISO 14044：2006，Environmental management — life cycle assessment—requirements and guidelines. International Organization for Standardization（ISO）：Geneva，Switzerland，2006.

［25］ Maurice B，Frischknecht R，Coelho-Schwirtz V，et al，2000. Uncertainty analysis in life cycle inventory. Application to the production of electricity with French coal power plants [J] . J. Clean. Prod, 8: 95-108.

[26] Salemdeeb R, Saint R, Clark W, et al, 2021. A pragmatic and industry-oriented framework for data quality assessment of environmental footprint tools [J]. Resour. Environ. Sustain, v: 100019.

[27] Hung M L, Ma H W, 2009. Quantifying system uncertainty of life cycle assessment based on Monte Carlo simulation [J] . Int. J. Life Cycle Assess, 14: 19-27.

[28] Shrivastava A K, 2009. A Review on Copper Pollution and its Removal From Water Bodies by Pollution Control Technologies [J] . Indian J. Environ. Prot, 29: 552-560.

[29] Nie Z Q, Zheng M H, Liu G R, et al, 2012. A preliminary investigation of unintentional POP emissions from thermal wire reclamation at industrial scrap metal recycling parks in China [J] . J. Hazard. Mater, 215-216: 259-265.

[30] Hecht D S, Hu L B, Irvin G, 2011. Emerging Transparent Electrodes Based on Thin Films of Carbon Nanotubes, Graphene, and Metallic Nanostructures [J]. Adv. Mater, 23: 1482-1513.

[31] Applebaum J, Mozes D, Steiner A, et al, 2001. Aeration of fishponds by photovoltaic power [J] . Prog. Photovolt. Res. Appl, 9: 295-301.

[32] Tanveer M, Roy S M, Vikneswaran M, et al, 2018. Surface aeration systems for application in aquaculture: A review [J] . Int. J. Fisher. Aqua. Stud, 6: 342-347.

4 杭州地区大口黑鲈养殖环境影响评价

4.1 引　言

随着水产养殖产量的快速增长，其在食品安全和营养保障方面的作用越来越重要，但这也带来了不可忽视的环境问题。大口黑鲈（*Micropterus salmoides*）自1983年引进中国以来，已成为一种被广泛接受的淡水养殖品种[1-3]。然而，其淡水池塘养殖过程对环境的影响尚未得到阐明。本章采用生命周期评价（LCA）这一能够评价和识别生产过程中环境问题的决策工具，对大口黑鲈淡水池塘养殖过程的环境绩效进行了评价，并以中国杭州一家大型商业公司为例。结果表明，塘养阶段和海洋水生生态毒性潜值（MAETP）对整个养殖过程的环境影响最大。环境贡献分析表明，电力（48%）和排放（23%）是育苗阶段的两个关键因素，而电力（60%）和饲料（26%）是池塘养殖阶段的两个主要影响因素。笔者讨论了基于新兴水产养殖技术的改进措施，即清洁能源、工业化池塘养殖和智能饲养策略，以帮助决策持续改善大口黑鲈池塘养殖的环境绩效。最后，对进一步开展中国水产养殖LCA研究提出了建议，为促进中国水产养殖LCA研究的发展和丰富世界水产养殖生命周期数据库提供有益的参考。

4.2　简介及文献综述

中国是世界上最大的水产养殖国[4]。2020年，中国的水产养殖产量为5 224万t，约占世界水产养殖产量的46.4%，在几乎所有水产品产量中占有重要地位[5-6]。水产养殖也为中国的粮食供应、粮食安全以及满足人民对优质水产品和蛋白质的需求做出了重要贡献[7-9]。

大口黑鲈的原产地是美国加利福尼亚州，是北美一种受欢迎的垂钓对象[10]。它是一种肉食性鱼类，具有食量大、生长快、耐低温、口感鲜美、营养丰富等特点[11-13]。大口黑鲈可在0～34℃的水温范围内生存，10℃以上开始摄食，其最适生长温度为20～25℃。1983年，大口黑鲈被引进中国，1985年对其进行人工育种。如今，大口黑鲈已成为具有较高经济价值的淡水养殖品种[14]。2021年，中国大口黑鲈总产量为702 093 t。目前，对大口黑鲈的研究主要集中在其饲料方面。Molinari 等报道了利用活饲料作为豆粕载体对大口黑鲈进行营养规划的研究[15]。Yin 等评估了饮食消费对中国大口黑鲈养殖潜在神经发育影响的风险和收益[16]。此外，其他研究也关注了饮食问题和环境因素对养殖过程的影响[17-19]。目前，中国大口黑鲈的主要养殖策略是池塘养殖。池塘是最古老的水产养殖生产系统，在过去的 30 年里，池塘养殖已经从传统的自然养殖转变为集约化养殖。然而，以高放鱼密度和大颗粒饲料投入为特征的集约化养殖的快速发展，导致了严重的环境问题，如富营养化和温室气体排放。

生命周期评价（LCA）作为一种评估产品生命周期（从摇篮到坟墓）过程环境影响的决策工具，已成为识别海产品生产系统关键环境影响的主要工具[20-21]。根据对 Web of Science 核心收集数据库的回顾，文献发表日期选择在 2000 年 1 月至 2022 年 12 月之间，大约有 80 篇关于鱼类养殖 LCA 的研究论文发表。最早的鱼类养殖 LCA 研究是 Papatryphon 等对法国虹鳟饲料生产环境影响评价[22]。随后，研究人员将重点放在单物种养殖系统上，如芬兰虹鳟系统和全球大西洋鲑系统。随着全球养鱼集约化水平和系统复杂性的提高，养鱼 LCAs 开始向更广泛的系统边界扩展[22]。Aubin 等比较了挪威、英国、加拿大和智利大西洋鲑养殖系统的生命周期环境影响，指出不同地区单位产量的排放量存在显著差异[23]。此外，Aubin 等对不同地区的肉食性有鳍鱼类养殖系统进行了生命周期比较分析，包括法国的淡水虹鳟养殖系统、希腊的欧洲鲈（*Dicentrarchus labrax*）深海笼式养殖系统，以及法国陆基大比目鱼循环水养殖系统[23]。Chen 等以中国黑龙江省和北京市虹鳟养殖为例进行了 LCAs 比较，结果显示了各阶段的环境影响贡献[24]。近年来，在不断创新和养鱼技术发展的基础上，逐渐实现了许多新兴鱼种的规模化生产。研究人员发表了鲇（*Pangasianodon hypophthalmus*）、鲤和红鳍东方鲀（*Takifugu rubripes*）的 LCA 研究。由于大西洋鲑是世界上最具经济价值的养殖物种之一，大多数鱼类 LCA 研究都集中在该物种上[25-28]。Gephart 等计算了养殖鲢（*Hypophthalmichthys molitrix*）和鳙（*Aristichthys nobilis*）排放的温室气体、氮和磷，以及相应的最高耗水量[29]。相比之下，养殖鲑和鳟可以减少土地和水资源的使用。Bohnes 等呼吁亚洲对水产养殖 LCA 进行更多的研究[30]。近年来，许多研究使用 LCA 来调查池塘养殖环境问题的定量结果，并证明该方法非常适合于本研究。Biermann 和 Geist 采用 LCA 比较了传统池塘养殖中饲养的常规鲤和有机鲤（*Cyprinus carpio* L.）的环境影响[31-33]，结果表明饲料和池塘疏浚是造成环境影响的主要因素。Fonseca 等报告称，饲料、服务和水是农村淡水池塘养殖黄尾蓝斑鲤（*Astyanax lacustris*）系统的主要投入[34]。Pelletier 和 Tydmers 得出结论，LCA 的应用在印度尼西亚湖泊和池塘罗非鱼集约化养殖系统的环境改善中发挥了重要作用[35]。这些研究分析了各类养殖鱼类的环境影响，并提出了改进措施和决策建议，将大大增加水产养殖 LCA 研究的数量，为鱼类养殖环境绩效的定量评估和持续改进提供参考。

大口黑鲈淡水塘养殖过程中是否也会出现富营养化和温室气体排放问题？影响环境影响结果的关键因素有哪些？哪些措施可以改善中国大口黑鲈淡水塘养殖的环境绩效？这些问题尚未得到解决。此外，没有研究报告在 LCA 的基础上大口黑鲈养殖对环境的影响。因此，本研究采用 LCA 方法对大口黑鲈淡水塘养殖进行环境影响评价，并系统识别影响大口黑鲈养殖过程环境影响的关键因素，帮助养殖企业和政府确定环境绩效的关键问题，并提供改善措施。本研究旨在丰富世界水产养殖基本生命周期清单(LCI)数据库，为中国其他鱼塘养殖过程的 LCA 提供技术支持和实践指导。

4.3 材料与方法

执行两个基本国际标准，采用 LCA 法对大口黑鲈淡水塘养殖环境影响因子进行评价。

4.3.1 目标与范围确定

浙江恒泽生态农业科技有限公司是中国杭州一家大型商业大口黑鲈养殖公司，是中国著名的陆基水产养殖企业，先后获得国家现代农业科技示范基地、浙江农业科技企业、中国农业农村部健康养殖示范农场等称号。公司注册资本 3 240 万元人民币，主要水产品为大口黑鲈。公司拥有池塘面积 95.3 万 m²。企业的生产情况可以代表中国大口黑鲈养殖的先进水平。以塘养阶段收获的活重为 1 t 的大口黑鲈为功能单元。

4.3.1.1 育种阶段说明

在育种阶段之前，使用消毒剂（生石灰）对养殖池进行消毒。在循环式养殖车间中养殖半透明大口黑鲈鱼苗（体长约 0.7 cm）。饲料为卤虾（*Artemia sinica*），当鱼苗长到 3～4 cm 时，饲喂颗粒饲料。当鱼苗长到 7 cm 时，它们通过活鱼通道被运送到陆上养殖池塘。整个养殖过程持续了 60 d。饲养阶段的主要资源和能量投入是消毒剂、淡水、电力、饲料和汽油。空气污染物主要为二氧化碳（CO_2）、氮氧化物（NO_x）和二氧化硫（SO_2）。废水污染物主要为化学需氧量（COD）、总磷（TP）和总氮（TN）。

4.3.1.2 池塘养殖阶段描述

在池塘养殖阶段，鱼塘采用生石灰消毒。在池塘养殖期间，每天从地下抽取淡水到池塘中，以保持水质，并以颗粒饲料喂养大口黑鲈。使用曝气机将溶解氧维持在 4.5 mg/L 以上，每天开启时间为 10 h。150 d 后，当尾重达到 500 g 时，捕捞上市出售。总氮、总磷和 COD 也是污水排放的主要来源，该阶段主要消耗饲料、电力和淡水。大口黑鲈淡水塘养殖示意图如图 4.1 所示。

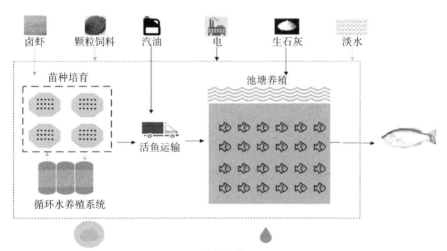

图 4.1　大口黑鲈淡水塘养殖过程

4.3.2 清单分析

表 4.1 提供了大口黑鲈池塘养殖过程的数据。电、饲料、汽油、杀菌剂（生石灰）、淡水来源于案例公司的实际数据。在实验室中监测了废水中总氮、总磷和 COD 的浓度。GaBi Professional 数据库 2021 提供了能源和材料输入的数据；中国生命周期数据库（CLCD，Eke Co.，Ltd.）提供颗粒饲料生产过程数据；Ecoinvent 3.7 数据库计算了其他空气排放数据。

表 4.1　大口黑鲈淡水塘养殖过程中两个阶段的生命周期清单

	对象	单位	苗种培育	池塘养殖
输入	电力	kW·h	61.15	2 190
	颗粒饲料	kg	19.25	1 100
	生石灰	kg	4.75	42.85
	汽油	L	16.50	280
	淡水	m^3	37.13	1 350
	卤虾	kg	12.84	—
输出	CO_2	kg	37.95	644
	SO_2	kg	0.14	2.38
	NO_X	kg	0.12	2.07
	总氮	kg	0.17	6.65
	总磷	kg	0.028	1.35
	COD	kg	0.91	15.75

4.3.3 影响评价

影响评估是生命周期评价的重要组成部分。可选的评估方法包括加权、归一化和表征。生命周期评估的表征［式（1）］和归一化［式（2）］计算步骤的公式可表述为：

$$特征化结果 = \sum_i m_i \times 特征化因子 \tag{1}$$

其中，m_i 表示系统边界内第 i 个物质的输入或输出的量化结果（如污染物排放、资源能源消耗、资源能源开发、土地利用等）。

$$标准化结果 = \frac{特征化结果}{标准化参考值} \tag{2}$$

本研究采用过程数据对大口黑鲈淡水池塘养殖的环境绩效进行分析。采用面向问题的方法 CML-IA-Aug. 2016-world 方法，采用 Experts 10.5 软件（学院版）计算 LCA 结果。评估过程中使用的影响类别如表 4.2 所示。

表 4.2 2016-world 方法 CML-IA-Aug. 2016-world 中的 11 个 LCA 影响类别

类别	特征化单位
ADP$_e$	kg Sb eq.
ADP$_f$	MJ
AP	kg SO$_2$ eq.
EP	kg Phosphate eq.
FAETP	kg DCB eq.
GWP	kg CO$_2$ eq.
HTP	kg DCB eq.
MAETP	kg DCB eq.
ODP	kg R11 eq.
POCP	kg Ethene eq.
TEP	kg DCB eq.

4.4 研究结果

4.4.1 特征化结果

大口黑鲈淡水塘养殖过程的表征结果如表 4.3 所示，两个阶段各品类的贡献见图 4.2。

表 4.3 大口黑鲈淡水塘养殖过程中两个阶段的生命周期特征化结果

类别/阶段	单位	苗种培育	池塘养殖
ADP$_e$	kg Sb eq.	7.96×10^{-6}	2.24×10^{-4}
ADP$_f$	MJ	1.47×10^3	4.38×10^4

（续）

类别/阶段	单位	苗种培育	池塘养殖
AP	kg SO₂ eq.	0.50	17.90
EP	kg Phosphate eq.	1.91	8.93
FAETP	kg DCB eq.	0.56	12.90
GWP	kg CO₂ eq.	1.24×10^2	4.44×10^3
HTP	kg DCB eq.	6.58	2.50×10^2
MAETP	kg DCB eq.	6.72×10^3	2.62×10^5
ODP	kg R11 eq.	2.83×10^{-10}	1.28×10^{-7}
POCP	kg Ethene eq.	3.78×10^{-2}	1.41
TEP	kg DCB eq.	8.55×10^{-2}	2.92

池塘养殖阶段对所有 11 个环境影响类别的贡献最大。很明显，该阶段在整个大口黑鲈池塘养殖过程中至关重要（图 4.2），百分比最高的类别是 ODP（99.78%，1.28×10^{-7} kg R11 eq.）；EP 比例最低，为 82.33%，磷当量为 8.93 kg。

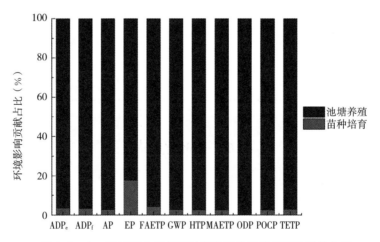

图 4.2 大口黑鲈淡水塘养殖过程特征化结果的环境贡献分析

4.4.2 归一化结果

为了对大口黑鲈淡水塘养殖过程中各种类的环境影响进行更详细的对比分析，找出关键影响因素和防止污染的机会，对归一化结果进行计算，见表 4.4。在此基础上，选择了 ADP$_f$、AP、EP、GWP、HTP 和 MAETP 影响类别，因为它们比其他类别具有更大的环境影响潜力，并且与能源消耗、生态系统和人类健康有关。其他类别合并为"其他"类别（图 4.3）。

表 4.4 大口黑鲈淡水塘养殖过程中两个阶段生命周期归一化结果

类别	苗种培育	池塘养殖
ADP$_e$	2.21×10^{-14}	6.23×10^{-13}
ADP$_f$	3.86×10^{-12}	1.15×10^{-10}
AP	2.09×10^{-12}	7.49×10^{-11}
EP	1.22×10^{-11}	5.65×10^{-11}
FAETP	2.37×10^{-13}	5.46×10^{-12}
GWP	2.93×10^{-12}	1.05×10^{-10}
HTP	2.55×10^{-12}	9.70×10^{-11}
MAETP	3.45×10^{-11}	1.34×10^{-9}
ODP	1.25×10^{-18}	5.60×10^{-16}
POCP	1.03×10^{-12}	3.84×10^{-11}
TEP	7.85×10^{-14}	2.68×10^{-12}
总计	5.95×10^{-11}	1.84×10^{-9}

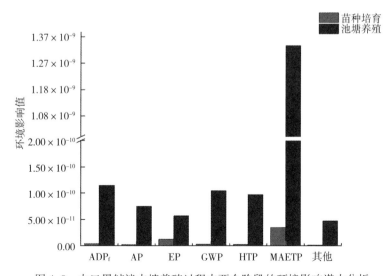

图 4.3 大口黑鲈淡水塘养殖过程中两个阶段的环境影响潜力分析

通过对各阶段和类别环境影响归一化结果的比较分析，MAETP 在苗种培育和池塘养殖阶段的环境贡献最大（分别为 3.45×10^{-11} 和 1.34×10^{-9}）。其主要原因是，在池塘养殖阶段需要投入大量颗粒饲料来维持大口黑鲈的生长和饲料生产过程中的能量消耗，使其成为关键的影响因素。而且，电力的消耗主要是为维持水质和饲养工作的养殖机械（泵、曝气机、给料机等设备）提供动力，使得 ADP_f 和 GWP 这两个类别在两个阶段对环境的影响贡献更大。苗种培育期总氮、总磷和 COD 浓度分别为 4.84 mg/L、0.75 mg/L 和 24.51 mg/L，塘养期分别为 4.92 mg/L、0.98 mg/L 和 11.66 mg/L。案例公司的污染物刚刚达到中国规定的淡水养殖池塘水排放二级标准（TN≤5mg/L，TP≤1mg/L，COD≤25mg/L）。由此，废水中排放的污染物使 AP、HTP、EP 成为养殖过程中主要的环境影响类别。

4.4.3　蒙特卡罗模拟结果

蒙特卡罗模拟是揭示不确定性影响的有效方法，在 LCAs 的不确定性研究中得到了广泛的应用。在本研究中，对 1 000 个这样的排名进行蒙特卡罗模拟，并设置 95% 置信区间参数。模拟结果显示，各类别的不确定性范围的变化趋势没有明显变化（表 4.5）。

表 4.5　淡水池塘大口黑鲈养殖过程蒙特卡罗模拟结果

阶段	影响类别	标准结果	蒙特卡罗模拟结果		
			95% 置信区间	平均值	标准偏差
苗种培育	ADP_e	2.21×10^{-14}	$2.18 \times 10^{-14} \sim 2.24 \times 10^{-14}$	2.20×10^{-14}	2.54×10^{-14}
	ADP_f	3.86×10^{-12}	$3.81 \times 10^{-12} \sim 3.92 \times 10^{-12}$	3.87×10^{-12}	3.95×10^{-14}
	AP	2.09×10^{-12}	$2.06 \times 10^{-12} \sim 2.12 \times 10^{-12}$	2.08×10^{-12}	2.10×10^{-14}
	EP	1.22×10^{-11}	$1.20 \times 10^{-11} \sim 1.24 \times 10^{-11}$	1.21×10^{-11}	1.27×10^{-13}
	FAETP	2.37×10^{-13}	$2.34 \times 10^{-13} \sim 2.40 \times 10^{-13}$	2.36×10^{-13}	2.47×10^{-15}
	GWP	2.93×10^{-12}	$2.89 \times 10^{-12} \sim 2.97 \times 10^{-12}$	2.94×10^{-12}	2.95×10^{-14}
	HTP	2.55×10^{-12}	$2.52 \times 10^{-12} \sim 2.59 \times 10^{-12}$	2.57×10^{-12}	2.54×10^{-14}
	MAETP	3.45×10^{-11}	$3.40 \times 10^{-11} \sim 3.50 \times 10^{-11}$	3.46×10^{-11}	3.63×10^{-13}
	ODP	1.25×10^{-18}	$1.23 \times 10^{-18} \sim 1.27 \times 10^{-18}$	1.26×10^{-18}	1.30×10^{-20}
	POCP	1.03×10^{-12}	$1.02 \times 10^{-12} \sim 1.04 \times 10^{-12}$	1.04×10^{-12}	1.07×10^{-14}
	TEP	7.85×10^{-14}	$7.74 \times 10^{-14} \sim 7.96 \times 10^{-14}$	7.86×10^{-14}	8.09×10^{-16}

（续）

阶段	影响类别	标准结果	蒙特卡罗模拟结果		
			95%置信区间	平均值	标准偏差
池塘养殖	ADP_e	6.23×10^{-13}	$6.14 \times 10^{-13} \sim 6.31 \times 10^{-13}$	6.24×10^{-13}	6.34×10^{-15}
	ADP_f	1.15×10^{-10}	$1.13 \times 10^{-10} \sim 1.17 \times 10^{-10}$	1.14×10^{-10}	1.19×10^{-12}
	AP	7.49×10^{-11}	$7.38 \times 10^{-11} \sim 7.59 \times 10^{-11}$	7.48×10^{-11}	7.68×10^{-13}
	EP	5.65×10^{-11}	$5.57 \times 10^{-11} \sim 5.73 \times 10^{-11}$	5.66×10^{-11}	5.72×10^{-13}
	FAETP	5.46×10^{-12}	$5.38 \times 10^{-12} \sim 5.54 \times 10^{-12}$	5.47×10^{-12}	5.78×10^{-14}
	GWP	1.05×10^{-10}	$1.04 \times 10^{-10} \sim 1.06 \times 10^{-10}$	1.04×10^{-10}	1.02×10^{-12}
	HTP	9.70×10^{-11}	$9.56 \times 10^{-11} \sim 9.83 \times 10^{-11}$	9.71×10^{-11}	1.00×10^{-12}
	MAETP	1.34×10^{-9}	$1.32 \times 10^{-9} \sim 1.36 \times 10^{-9}$	1.32×10^{-9}	1.36×10^{-11}
	ODP	5.60×10^{-16}	$5.51 \times 10^{-16} \sim 5.68 \times 10^{-16}$	5.62×10^{-16}	5.94×10^{-18}
	POCP	3.84×10^{-11}	$3.78 \times 10^{-11} \sim 3.89 \times 10^{-11}$	3.83×10^{-11}	4.02×10^{-13}
	TEP	2.68×10^{-12}	$2.64 \times 10^{-12} \sim 2.72 \times 10^{-12}$	2.67×10^{-12}	2.74×10^{-14}

4.5　讨论及建议

4.5.1　环境贡献分析

根据本研究的 LCA 结果，池塘养殖阶段和 MAETP 对整个大口黑鲈淡水池塘养殖过程的环境影响贡献最大。此外，还对电力、汽油、排放和饲料的环境贡献进行了分类。电力（48%）和排放（23%）是育苗阶段的两个关键因素，电力（60%）和饲料（26%）是池塘养殖阶段的两个主要影响因素（图 4.4）。饲料生产和电力使用仍然是影响池塘养殖过程的关键问题，与开放水域养殖系统相比，用电量对环境的影响大于饲料生产，主要原因是用电量主要用于为农机提供动力，维持水质和饲养工作，但开放水域养殖系统的电力仅用于饲料生产，能源消耗的主要类型是汽油，对环境的影响远低于饲料生产。这些结果与以往对中国水产养殖的 LCA 研究得出的结论一致，这些问题在未来几年仍将是中国水产养殖业面临的主要环境问题。

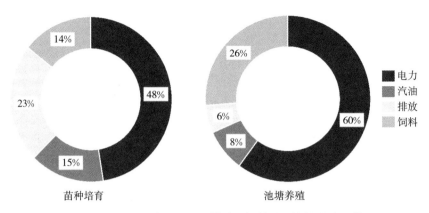

图 4.4 电力、汽油、排放和饲料对环境的影响贡献

4.5.2 建议

4.5.2.1 工业化池塘养殖

工业化池塘养殖模式是在传统池塘养殖的基础上升级改造而成，能够综合协调经济效益和生态效益，已成为鱼塘可持续发展的战略，被中国政府、养殖户、市场广泛接受。目前，多营养综合养殖、养殖效率分析、废水处理是主要的研究热点。Zhang 等报道了大口黑鲈与凡纳滨对虾（*Litopenaeus vannamei*）鱼塘共养殖模式，经济效益为 1.61 USD/m²[36-37]。根据中国北方沿海地区的地形和经济状况，构建了温室与深井海水相结合的新型产业模式，以减少大比目鱼池塘养殖对环境的影响。这些措施可能是提高大口黑鲈淡水池塘养殖过程经济效益的有效策略。

在本研究的 LCI 基础上，案例公司的污染物（TN、TP、COD）刚好满足中国规定的淡水养殖池塘水排放二级标准。目前，中国的池塘废水大多直接排入河流，目前正在讨论建立池塘废水处理技术体系的国家战略。Sidoruk 和 Cymes 对虹鳟养殖中常用的三种水管理系统进行了评估，认为池塘排放的水会对接收水体的水质产生影响，应采取适当的技术措施来降低水污染的风险[38-40]。废水处理中使用的物理方法主要有沉淀、过滤、泡沫分离、磁分离、紫外线杀菌等。此外，还可以在养殖废水或池塘中培养一定量的微藻，微藻可以吸收多余的营养物质。Jung 等发现，与对照组相比，栅藻（*Scenedesmus obliquus*）和普通小球藻（*Chlorella vulgaris*）养殖的罗非鱼池塘的换水量减少了82%[41]。因此，在大口黑鲈池塘养殖和养殖中采用该技术可减少总环境影响的5%，使废水污染达到中国规定的淡水养殖池塘水排放一类标准（TN≤3mg /L，TP≤0.5 mg/L，COD≤15mg /L）。Ajala 和 Alexander 也证明了 *Oocystis minuta*、*Scenedesmus obliquus* 和 *Chlorella vulgaris* 能有效去除废水中的硫酸盐、硝酸盐和磷酸盐。因此，在大口黑鲈淡水池塘养殖过程中，在废水排入河流之前，建立基于微藻生物反应器技术的废水处理系统或采用物理方法去除污染物是非常有必要的。

4.5.2.2 智能投食策略

决定水产养殖生产成本和水质的主要因素是饲养。饲料的生产和消费是影响大口黑鲈养殖环境绩效的关键问题。在适当的时间提供足够数量的营养均衡的饲料对鱼类生长发育来说至关重要。鱼类的喂养方式非常多样化，这意味着何时喂食以及喂食多少的问题没有单一的答案。随着现代信息技术逐渐渗透到农业的各个领域，基于鱼类行为的水产养殖智能管理研究正在蓬勃发展。鱼类投喂一般由自动投喂机进行，但这可能会导致投喂过量或投喂不足。对鱼类摄食行为的有效识别提供了最优摄食依据，可以减少资源浪费，提高生长率。例如，摄食时间周围的时空指标与其他行为的时空指标存在显著差异。对于智能进食策略来说，了解鱼类的感受以及它们为什么会有这样的行为是很重要的，因为鱼类通过它们的行为与环境相互作用并适应环境，从而在生理活动和生态事件之间建立了联系。此外，鱼类行为监测可以提供指导水产养殖中的疾病诊断和环境管理所需的信息。

最近，人们开发了许多智能饲养控制方法，如计算机视觉、声学方法和数学模型[42-43]。例如，为了提高草鱼（*Ctenopharyngodon idellus*）的饲喂效率，提出了一种用于草鱼饲料决策的自适应神经模糊推理系统。Zhou 等发表了一种分类准确率为90%的机器视觉和卷积神经网络方法来评估水产养殖鱼类的摄食强度，可以减少10%～15%的投料量。这种创新的方法可能会使大口黑鲈养殖过程中的总环境影响降低20%。此外，利用支持向量机、人工神经网络和多元线性回归技术，开发了循环养殖系统中养殖南美白对虾的智能投料技术[44-45]。计算机视觉技术已经在水下图像预处理、鱼的体重和长度检测、鱼的行为分析、鱼的目标检测、智能投喂鱼决策等不同方面辅助智能投喂[46]。An 等提出，将智能投喂与计算机视觉相结合，将有助于提高水产养殖产量[47]。同样，深度学习也被发现为智能养鱼的信息和数据处理创造了新的机遇[48]。因此，人工智能、大数据、物联网、5G、机器视觉、机器人等现代技术，未来将逐步融入大口黑鲈池塘养殖和水产养殖业。

4.5.2.3　中国水产养殖 LCA 进一步研究的建议

中国是世界上水产养殖产量最大的国家，但中国水产养殖 LCA 的研究相对较少。根据中国水产养殖现状，可以对鲤、双壳类、藻类等多种水生生物进行 LCA 研究，分析其养殖对环境的影响[49-50]。此外，水产养殖具有明显的地域性特征，同一种属在世界不同国家或同一国家不同地区的环境影响可能相同，也可能存在显著差异。因此，未来有必要对同一物种在不同地点进行比较 LCA 研究，使环境影响改善措施更具适用性。

4.6　本章小结

根据本研究的 LCA 结果，在整个大口黑鲈淡水池塘养殖过程中，池塘养殖阶段和 MAETP 阶段的环境影响贡献最大（种苗养殖和池塘养殖分别为 3.45×10^{-11} 和 1.34×10^{-9}）；环境贡献分析表明，电力（48%）和排放（23%）是育种阶段的两个关键因素，电力（60%）和饲料（26%）是池塘养殖阶段的两个主要影响因素。这些结论与以往水产养殖 LCA 研究结果一致，这些问题将是未来几年中国水产养殖业面临的主要环境问题。本研究提出的改善措施主要集中在新的养殖模式（工业化池塘养殖）和新兴技术（智能饲养策略）上。

在前人 LCA 研究的基础上，总结了中国水产养殖 LCA 研究的建议。需要公开全国水产养殖经营数据，建立信息共享数据库，建议开展中国特色物种的水产养殖 LCA 研究和同一物种在不同地点的比较 LCA 研究，以评估中国水产养殖的环境影响和对世界 LCI 数据库的贡献。

参考文献

［1］ FAO. The state of world fisheries and aquaculturE-towards blue transformation ［EB/OL］. Rome：FAO，2022.

［2］ 农业农村部渔业渔政管理局，全国水产技术推广总站，中国水产学会，2022. 中国渔业统计年鉴［M］. 北京：中国农业出版社．

［3］ Naylor R L，Hardy R W，Buschmann A H，et al，2020. A 20-year retrospective review of global aquaculture［J］. Nature，591：551-563.

［4］ He Q W，Ye K，Han W，et al，2022. Mapping sex-determination region and screening DNA markers for genetic sex identification in largemouth bass （*Micropterus salmoides*）［J］. Aquaculture，559：738450.

［5］ Molinari G S，Wojno M，Kwasek K，2021. The use of live food as a vehicle of soybean meal for nutritional programming of largemouth bass *Micropterus salmoides*［J］. Sci. Rep，11：10899.

［6］ Yin P，Xie S，Zhuang Z，et al，2021. Dietary supplementation of bile acid attenuate adverse effects of high-fat diet on growth performance, antioxidant ability, lipid accumulation and intestinal health in juvenile largemouth bass （*Micropterus salmoides*）［J］. Aquaculture，531：735864.

［7］ Yuan Y，Jiang X，Wang X，et al，2022. Toxicological impacts of excessive lithium on largemouth bass （*Micropterus salmoides*）：Body weight, hepatic lipid accumulation, antioxidant defense and inflammation response［J］. Sci. Total Environ，841，156784.

［8］ Yin Y，Chen X，Gui Y，et al，2022. Risk and benefit assessment of potential neurodevelopment effect resulting from consumption of cultured largemouth bass （*Micropterus salmoides*）in China［J］. Environ. Sci. Pollut. Res. Int，29：89788-89795.

［9］ Zhao L L，Cui C，Liu Q，et al，2020. Combined exposure to hypoxia and ammonia aggravated biological effects on glucose metabolism, oxidative stress, inflammation and apoptosis in largemouth bass （*Micropterus salmoides*）［J］. Aquat. Toxicol，224：105514.

［10］ Henares M N P，Medeiros M V，Camargo A F M，2019. Overview of strategies that contribute to the environmental sustainability of pond aquaculture：Rearing systems, residue treatment, and environmental assessment tools［J］. Rev. Aquacult，12：453-470.

［11］ Edwards P，2015. Aquaculture environment interactions：Past, present and likely future trends [J] . Aquaculture, 447: 2-14.

[12] Bosma R H, Verdegem M C J, 2011. Sustainable aquaculture in ponds: Principles, practices and limits [J] . Livest. Sci, 139: 58-68.

[13] Hellweg S, Canals L M, 2014. Emerging approaches, challenges and opportunities in life cycle assessment. Science, 344: 1109-1113.

[14] Cao L, Diana J S, Keoleian G A, 2013. Role of life cycle assessment in sustainable aquaculture [J] . Rev. Aquacult, 5: 61-71.

[15] Papatryphon E, Petit J, Kaushik S J, et al, 2004. Environmental impact assessment of salmonid feeds using Life Cycle Assessment (LCA) [J] . Ambio, 33: 316-323.

[16] Grönroos J, Seppälä J, Silvenius F, et al, 2006. Life cycle assessment of Finnish cultivated rainbow trout [J] . Boreal Environ. Resear, 11: 401-414.

[17] Pelletier N, Tyedmers P, Sonesson U, et al, 2009. Not all salmon are created equal: Life cycle assessment (LCA) of global salmon farming systems [J] . Environ. Sci. Technol, 43: 8730-8736.

[18] Aubin J, Van der Werf H M G, Lazard J, et al, 2009. Fish farming and the environment: A life cycle assessment approach [J] . Aquaculture, 18: 220-226.

[19] Aubin J, Papatryphon E, Van der Werf H M G, et al, 2009. Assessment of the environmental impact of carnivorous finfish production systems using life cycle assessment [J] . J. Clean. Prod, 17: 354-361.

[20] Chen Z X, Cao G B, Han S C, 2011. Life Cycle Assessment of Rainbow Trout Aquaculture Models in China [J] . J. Agro Environ. Sci, 30: 2113-3118.

[21] Bosma R, Anh P T, Potting J, 2011. Life cycle assessment of intensive striped catfish farming in the Mekong Delta for screening hotspots as input to environmental policy and research agenda [J] . Int. J. Life Cycle Assess, 16: 903-915.

[22] Huysveld S, Schaubroeck T, De Meester S, et al, 2013. Resource use analysis of Pangasius aquaculture in the Mekong Delta in Vietnam using Exergetic Life Cycle Assessment [J] . J. Clean. Prod, 51: 225-233.

[23] Marzban A, Elhami B, Bougari E, 2021. Integration of life cycle assessment (LCA) and modeling methods in investigating the yield and environmental emissions final score (EEFS) of carp fish (*Cyprinus carpio* L.) farms [J] . Environ. Sci. Pollut. Res, 28: 19234-19246.

[24] Hou H C, Zhang Y, Ma Z, et al, 2022. Life Cycle Assessment of Tiger Puffer (*Takifugu rubripes*) Farming: A Case Study in Dalian, China [J] . Sci. Total

Environ，823：153522.

[25] Philis G，Ziegler F，Gansel L C，et al，2019. Comparing Life Cycle Assessment (LCA) of Salmonid Aquaculture Production Systems：Status and Perspectives [J]. Sustainability，11：2517.

[26] Song X Q，Liu Y，Pettersen J B，et al，2019. Life cycle assessment of recirculating aquaculture systems A case of Atlantic salmon farming in China [J]. J. Ind. Ecol，23：1077-1086.

[27] Gephart J A，Henriksson P J G，Parker R W R，et al，2021. Environmental performance of blue foods [J]. Natrue，597：360-366.

[28] Bohnes F A，Hauschild M Z，Schlundt J，et al，2019. Life cycle assessments of aquaculture systems：A critical review of reported findings with recommendations for policy and system development [J]. Rev. Aquacult，11：1061-1079.

[29] Biermann G，Geist J，2019. Life cycle assessment of common carp (*Cyprinus carpio* L.) —A comparison of the environmental impacts of conventional and organic carp aquaculture in Germany [J]. Aquaculture，501：404-415.

[30] Fonseca T，Valenti W C，Giannetti B F，et al，2022. Environmental Accounting of the Yellow-Tail Lambari Aquaculture：Sustainability of Rural Freshwater Pond Systems [J]. Sustainability，14：2090.

[31] Pelletier N，Tyedmers P，2010. Life Cycle Assessment of Frozen Tilapia Fillets from Indonesian LakE-Based and Pond-Based Intensive Aquaculture Systems [J]. J. Ind. Ecol，14：467-481.

[32] ISO 14040：2006，Environmental management —life cycle assessment—principles and framework. International Organization for Standardization (ISO)：Geneva，Switzerland，2006.

[33] ISO 14044：2006，Environmental management—life cycle assessment—requirements and guidelines. International Organization for Standardization (ISO)：Geneva，Switzerland，2006.

[34] Hung M L，Ma H W，2009. Quantifying system uncertainty of life cycle assessment based on Monte Carlo simulation [J]. Int. J. Life Cycle Assess，14：19-27.

[35] Zoli M，Rossi L，Costantini M，et al，2023. Quantification and characterization of the environmental impact of sea bream and sea bass production in Italy [J]. Clean. Environ. Syst，9：100118.

[36] Zhao L，Cui C，Liu Q，et al，2020. Combined exposure to hypoxia and ammonia

aggravated biological effects on glucose metabolism, oxidative stress, inflammation and apoptosis in largemouth bass (*Micropterus salmoides*) [J]. Aquat. Toxicol, 224: 105514.

[37] Maiolo S, Parisi G, Biondi N, et al, 2019. Fishmeal partial substitution within aquafeed formulations: Life cycle assessment of four alternative protein sources [J]. Int. J. Life Cycle Assess, 25: 1455-1471.

[38] Zhang M Y, Zhuge Y, Xu X Y, et al, 2017. Experiment on co-culture mode of fish and shrimp in pond industrial ecological culture system [J]. J. Aquacul, 38: 20-22.

[39] Sidoruk M, Cymes I, 2018. Effect of Water Management Technology Used in Trout Culture on Water Quality in Fish Ponds [J]. Water, 10: 1264.

[40] Jung J Y, Damusaru J H, Park Y J, et al, 2017. Autotrophic biofloc technology system (ABFT) using Chlorella vulgaris and Scenedesmus obliquus positively affects performance of Nile tilapia (*Oreochromis niloticus*) [J]. Algal Res, 27: 259-264.

[41] Ajala S O, Alexander M L, 2020. Assessment of *Chlorella vulgaris*, *Scenedesmus obliquus*, and *Oocystis minuta* for removal of sulfate, nitrate, and phosphate in wastewater [J]. Int. J. Energy Environ. Eng, 11: 311-326.

[42] Ma Z, Li H X, Hu Y, et al, 2021. Growth performance, physiological, and feeding behavior effect of *Dicentrarchus labrax* under different culture scales [J]. Aquaculture, 534: 736291.

[43] Wang C, Li Z, Wang T, et al, 2021. Intelligent fish farm—The future of aquaculture [J]. Aquacult. Int, 29: 2681-2711.

[44] Hu Y, Liu Y, Zhou C, et al, 2021. Effects of food quantity on aggression and monoamine levels of juvenile pufferfish (*Takifugu rubripes*) [J]. Fish Physiol. Biochem, 47: 1983-1993.

[45] Zhou C, Xu D M, Lin K, et al, 2018. Intelligent feeding control methods in aquaculture with an emphasis on fish: A review [J]. Rev. Aquacult, 10: 975-993.

[46] Zhao S Q, Ding W M, Zhao S Q, et al, 2019. Adaptive neural fuzzy inference system for feeding decision-making of grass carp (*Ctenopharyngodon idellus*) in outdoor intensive culturing ponds [J]. Aquaculture, 498: 28-36.

[47] Zhou C, Xu D M, Chen L, et al, 2019. Evaluation of fish feeding intensity in aquaculture using a convolutional neural network and machine vision [J]. Aquaculture, 507: 457-465.

[48] Chen F D, Sun M, Du Y S, et al, 2022. Intelligent feeding technique based on

predicting shrimp growth in recirculating aquaculture system［J］. Aquacult. Res，53：4401-4413.

［49］An D，Hao J，Wei Y G，et al，2021. Application of computer vision in fish intelligent feeding system—A review［J］. Aquacult. Res，52：423-437.

［50］Yang X T，Zhang S，Liu J T，et al，2021. Deep learning for smart fish farming：Applications，opportunities and challenges［J］. Rev. Aquacult，13：66-90.

5 大菱鲆养殖生命周期评价

5.1 引　言

大菱鲆（*Scophthalmus maximus*）属于硬骨鱼纲鲽形目，原产于欧洲，具有营养丰富、经济价值高等特点，是欧洲海水养殖中的主要品种。在中国，大菱鲆主要的养殖模式为流水养殖模式[1]。随着其养殖规模的不断扩大，在过程中会产生养殖废水、能源损耗等环境问题，因此需针对大菱鲆室内流水养殖模式开展系统性的环境影响评价，识别造成环境影响的关键因素，并提出改进措施，从而促进行业的绿色发展。本研究以中国北方大连市一家采用室内流水养殖模式养殖大菱鲆的企业为例，开展生命周期评价研究。通过企业调研，明确大菱鲆养殖流程，确定评价系统边界，建立大菱鲆养殖生命周期清单并运用 GaBi 软件进行评价结果分析，最后对评价结果进行定量分析。结果表明，海洋水生生态毒性潜值（MAETP）是最大的环境影响类型，其次是非生物资源消耗潜值（化石）（ADP$_f$），非生物资源消耗潜值（元素）（ADP$_e$），全球变暖潜值（GWP），人类毒性潜值（HTP）。此外，本研究通过对评价结果的定量分析，提出大菱鲆养殖环境影响改进措施，为行业绿色发展提供技术支持。

5.2　简介及文献综述

大菱鲆身体呈扁圆形，肉质优良，味道鲜美，适应于低水温的环境且生长速度快，因此是欧洲各国重要的养殖鱼类之一。世界上的许多地区都在进行大菱鲆的养殖，其中西班牙的大菱鲆养殖规模最为庞大，在国际市场上占有相当大的比重[2]。早期就开始大菱鲆养殖的日本，在技术上有显著优势。现在，日本的大菱鲆养殖主要集中在静冈县、鸟取县和爱媛县等地。而韩国的大菱鲆养殖则以全南道、全北道、庆尚南道和庆尚北道为主，技术较先进，规模较大。此外，越南、印度尼西亚、泰国等国家近年来也逐步开始大菱鲆的养殖，但总体来说规模相对较小[3-5]。

大菱鲆是一种对水温和盐度要求较为严格的鱼类。它们适宜在较低的水温下生长，其能承受的水温范围为 4～23℃，其中最适宜的温度范围为

14～19℃，而盐度方面，大菱鲆盐度耐受性也较高，范围是 12～40，最适宜的盐度范围为 25～30。在野外环境下，大菱鲆幼鱼期的主要食物是甲壳类生物，而成鱼期主要以小鱼、虾等为食。在受到人工饲养的影响后，大菱鲆也开始逐渐被驯化，它们能够食用经过专业配制的人工饲料。

在 20 世纪 90 年代初，中国引进第一批大菱鲆，并在山东半岛地区推广大菱鲆养殖技术。随着时间的推移，大菱鲆的养殖规模已迅速扩展到北方几个地区。同时，中国南方地区（如江苏、浙江和福建等沿海地区）也出现许多大菱鲆养殖区域。大菱鲆养殖业已成为国内海水养殖领域的重要产业，并在该领域树立典范。自从进入中国市场以来，大菱鲆依靠其自身优势受到广大消费者的欢迎[6]。

目前，中国用于大菱鲆养殖的海水面积已超过 230 万 m²，大菱鲆每年的产量达到 1.6 万 t 左右，每年带来的收益接近 20 亿元，为海水鱼类养殖的重要组成部分，已成为世界范围内大菱鲆养殖规模最大的国家。据 2021 年报道可知，中国大菱鲆的养殖模式有如下改变：

（1）养殖规模扩大：中国是大菱鲆养殖的主要产区之一，养殖规模逐渐扩大。许多地方在海岸线附近建立大菱鲆养殖基地，以满足市场的需求。

（2）技术创新提高养殖效益：大菱鲆养殖过程中，养殖者采用技术创新手段来提高养殖效益。包括改进饲料配方、优化养殖环境、加强疾病防控等。这些措施能够提高鱼类生长速度、减少疾病发生率，从而提高养殖效益。

（3）市场需求稳定增长：随着人们对健康食品的追求与消费水平的提高，大菱鲆的市场需求稳步增长。大菱鲆以其肉质优良、味道鲜美而受到消费者的喜爱。

（4）优化环境保护措施：为保护海洋环境与可持续发展大菱鲆养殖业，中国政府与相关部门加强环境监管与保护措施。严格管理养殖废水排放、监测水质状况，并加强对养殖业的规范与指导，确保养殖业的可持续发展。

（5）国际合作与交流：中国的大菱鲆养殖业积极与国际合作伙伴进行技术交流与合作，学习先进的养殖技术与管理经验[7]。这有助于提高国内养殖业的竞争力与水平，并促进全球大菱鲆养殖业的可持续发展。

生命周期评价最早出现在 60 年代末 70 年代初的美国[8-10]。生命周期评价研究开始的标志是 1969 年由美国中西部资源研究所展开，针对可口可乐公司的饮料包装瓶进行评价的研究。该研究针对可口可乐公司的生产过程，从生产原材料到最后废弃物处理（摇篮到坟墓的整个过程），以塑料瓶和玻璃瓶两种容器的资源消耗和环境友好性为两个方向进行研究分析，促使可口可乐公司放弃长期使用的玻璃瓶包装方式，采用相对更优越的塑料瓶包装。这种方法当时被称为资源与环境状况分析（State Analysis of Resources and Environment）。

在 1989 年，荷兰的国家居住、规划与环境部首次提出"产品生命周期"概念。随着时间的推移，1990 年生命周期评价或 LCA 首次问世，在后续的研究中获得许多成就[11-12]。目前，中国已经颁布许多相关的国家标准，在生命周期评价研究方面也取得许多成就。对整个生命周期进行系统和全面的评价，有助于更好地理解生产过程中的环境影响，并为制定相应的环境保护措施提供有效的科学支持。

目前，全世界对于生命周期评价的概念并没有达到一个完全的共识，各个国家都有一部分自己不同的理解。其中，国际标准化组织（International Organization for Standardization）与国际环境毒理学与化学学会对生命周期评价的定义是最为权威的两个定义[13-14]。依据 ISO14040 对于生命周期评价的定义是，在产品系统的生命周期内，对产品系统的输入、输出与潜在环境影响进行汇编与评估，包括四个相互关联的阶段：目标与范围定义、清单分析、影响评估与结果解释。国际环境毒理学与化学学会对生命周期评价的定义是，一种对某件产品、工艺或活动进行分析与量化的工具，它的目的是对能源与资源的利用与废水、废气、固体废弃物等的排放进行评价，通过评价来找到一种改善环境的方式。生命周期评价贯穿产品、工艺或活动的整个生命周期过程，包括原料的收集与制作、运输与销售、产品的使用与维护、各种废弃物的循环使用与处理方式。

目前中国使用最多的本地化生命周期影响评价方法是杨建新等建立的中国产品生命周期影响评价方法和王洪涛等建立的节能减排综合评价方法[15-16]。研究确定标准化基准应采用中国 1990 年人均环境影响的总潜值来表达，权重应采用中国 1990 年基准与 2000 年政府削减目标所估算基准间的比值来计算。王洪涛等总结并提出中国的生命周期基础数据的基本方法，其中包括环境影响类型的选择，生命周期清单数据的收集、审核、建模、计算等方面。

IOS 将生命周期评价分为以下四个步骤：目标定义与范围的确定、清单分析、影响评价与结果解释。如图 5.1 所示。

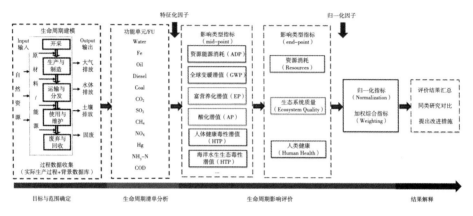

图 5.1　生命周期评价技术框架

随着国内水产养殖业规模的快速扩展，水产养殖对外界环境造成的影响也日益突显，在水产养殖对外界环境造成的诸多影响中，水体富营养化尤为严重。以海水养殖为例，海水养殖一般在沿海的内湾，除养殖系统自身的污染物排放外，生活污水与生产废水的排入致使近海海域营养盐的结构发生变化，导致海域中 N 与 P 的含量极速增加，人类也为此付出了惨重的代价。这让人们意识到环境保护的重要性，对生命周期的运用也逐渐增多。生命周期评价被应用于在水产养殖业的环境可持续性评价已有十几年的时间，且越来越频繁地应用于水产养殖业[17]。近几年来，生命周期评价已被用于许多关于水产养殖系统的研究，也已被证明有助于发现改进机会，以提高水产养殖系统的可持续性，并可用于向行业利益相关者提供信息，提高工艺效率，并确定哪些生产阶段表现良好、哪些可改进。

许多文献可证明 LCA 技术正广泛应用于水产养业[18-19]。如来自于 *Nature* 杂志中"Environmental performance of blue foods"指出鱼类与其他水生动物（蓝色食品）为更可持续的饮食提供机会。然而，在环境影响的研究中很少包括蓝色食品。蓝色食品作为一种重要的营养来源，会产生相对较低的平均环境压力，可以更低的环境负担改善营养，符合改善营养的可持续发展目标，可持续利用海洋资源[20]。结果表明，在评估的蓝色食品中，养殖海藻与双壳类产生的排放量最低，产生的环境压力最小。

Journal of Cleaner Production 中的 "Life cycle assessment of sea cucumber production：A case study, China" 采用生命周期评价法对大连海参生产的环境影响进行了评价和分析，为我国水产养殖清洁生产研究提供了实例。结果表明，养殖过程的三个阶段的归一化结果分别为 1.21×10^{-8}、2.44×10^{-10} 和 1.11×10^{-9}。饲养阶段对环境的影响最大，因为需要高水平的电力、化石燃料和水来维持幼苗海参的养殖水温和氧气状态。此外，通过对每个阶段的生命周期评价归一化结果的分析，该研究发现海洋水生生态毒性潜值（MAETP）是对环境影响的最大贡献者，电力使用、水需求和化石燃料消耗是影响结果的关键因素。

Science of the Total Environment 杂志中的 "Life cycle assessment of tiger puffer（Takifugu rubripes）farming：A case study in Dalian, China" 是首次对中国大连红鳍东方鲀陆海接力策略进行的生命周期评价。为了分析其养殖过程对环境的影响，考虑了以下四个阶段：苗种培育、深海网箱养殖-1、工业循环养殖和深海网箱养殖-2。根据 LCA 结果，海洋水生生态毒性潜值（MAETP）是对环境影响的最大贡献者，而工业循环养殖是整个红鳍东方鲀养殖过程中影响最重要的养殖阶段。在养殖过程中，煤炭和汽油等能源被消耗来维持电力供应，这是影响环境绩效的关键因素。根据敏感性和能源分析，需要仔细考虑工业循环水产养殖阶段设备运行的能耗、饲料消耗和深海网箱养殖-2 阶段运输的汽油消耗。

"Life Cycle Assessment of Chinese Shrimp Farming Systems Targeted for Export and Domestic Sales" 中对中国对虾的 6 个孵化场和 18 个养殖场进行了数据输入调查，完成了从摇篮到养殖场的生命周期评价，以评估中国海南省集约型（芝加哥出口市场）和半集约型（上海国内市场）养虾系统的环境绩效，还评估了加工和分销对最终市场整体环境绩效的相对贡献。环境影响类别包括全球变暖、酸化、富营养化、累积能源使用和生物资源使用。研究结果表明，在所有影响类别中，集约农业对单位产量的环境影响都明显高于半集约农业。生长阶段造成了 96.4%～99.6%的摇篮到农场大门的影响。这些影响主要是由饲料生产、电力使用和农场废水造成的。

《基于生命周期评（LCA）的 2 种大菱鲆养殖模式对环境影响对比研究》中对大菱鲆的 2 种养殖模式"流水养殖模式"与"封闭循环水养殖模式"进行环境影响的对比研究，开展生命周期评价（LCA），旨在评估 2 种养殖模式在生命周期过程中对外界环境的影响。根据研究结果显示，流水养殖模式和循环水养殖模式都存在富营养化对环境造成的影响问题，而流水养殖模式的影响更大。为减少对环境的影响，建议流水养殖采取一些措施，如降低饲料系数、提高饲料利用率等。此次研究是第一次针对大菱鲆养殖模式进行生命周期评价，为该生产模式的环境影响评估和优化改进提供了参考依据。通过对整个生命周期进行系统和全面的评价，有助于更好地理解生产过程中的环境影响，并为制定相应的环境保护措施提供有效的科学支持。

5.3　材料与方法

5.3.1　目标与范围确定

本研究以中国北方大连市一家大菱鲆养殖企业为研究对象，以生产 1t大菱鲆作为评价的功能单位，分析在大菱鲆养殖过程中的资源与能源投入、产出与对环境造成的影响，找到大菱鲆养殖过程中环境影响的关键点，以便采取改进措施，降低大菱鲆养殖过程的资源与能源消耗。评价的起始边界为大菱鲆的苗种培育阶段，终止边界是大菱鲆成鱼的加工与销售，不包括原材料生产阶段与售后。

通过企业调研可知，本企业的大菱鲆生产链包括：孵化苗种、苗种运输、池塘养殖、加工与销售过程。其流程图如 5.2 所示。

5.3.2　清单分析

5.3.2.1　生命周期清单数据来源

清单分析是生命周期评价（LCA）基本数据的一种表达，也是生命周期评价的基础，也是各过程中不确定性最大的部分。清单分析是对产品、工艺或活动在其整个生命周期阶段的资源、能源消耗与环境排放进行数据

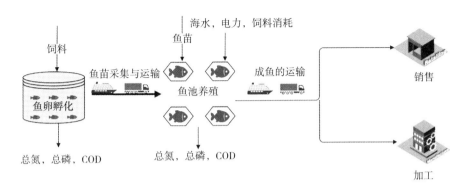

图 5.2　生命周期评价技术框架

量化分析。选择合适的方法进行清单分析，可尽量减小生命周期清单
（LCI）带来的不确定性。本实验的所有数据均来源于中国北方大连市的
一家大菱鲆的养殖企业，选取的数据包括除苗种培育与成鱼加工、销售这
两部分的其余部分的输出与输入。

5.3.2.2　大菱鲆养殖生命周期清单

本文以 1t 大菱鲆成鱼作为功能单位，数据如表 5.1 所示。

表 5.1　1t 大菱鲆养殖总阶段的输入输出

物质	数量	单位	分类
海水	62 780	t	输入
电力	17 800	kW·h	输入
饲料	1 000	kg	输入
生石灰	500	kg	输入
N	2.3	kg	输出
P	1	kg	输出
COD	2.1	kg	输出

5.3.3　大菱鲆养殖生命周期清单分析与模型构建

大菱鲆整个养殖周期的生命周期清单如表 5.1 所示。因大菱鲆的养殖
条件受限，需抽取深井海水作为养殖大菱鲆的养殖用水。电力消耗包括水
泵从深井抽取深井海水作为大菱鲆的养殖所需的电力与保证大菱鲆生长温

度所需的电力。饲料为养殖大菱鲆的基本需求。生石灰则用于整个养殖过
程中的消毒。N、P、COD 为养殖周期中的排泄物的排放。数据分析运用
GaBi 软件建立大菱鲆养殖生命周期模型。

5.3.4 环境影响评价

使用 GaBi 软件建模，运算得到大菱鲆养殖生命周期过程的归一化结
果，结果如表 5.2 所示。

表 5.2 大菱鲆养殖的归一化结果

指标分类	电力	生石灰	海水
ADP_e	3.02×10^{-12}	4.57×10^{-14}	2.41×10^{-9}
ADP_f	3.81×10^{-10}	4.42×10^{-12}	3.08×10^{-9}
AP	1.78×10^{-10}	5.19×10^{-13}	7.11×10^{-10}
EP	2.57×10^{-11}	1.56×10^{-13}	3.76×10^{-10}
FAETP	7.48×10^{-12}	6.47×10^{-14}	2.36×10^{-10}
GWP	3.51×10^{-10}	1.44×10^{-11}	2.69×10^{-9}
HTP	5.00×10^{-10}	9.01×10^{-13}	1.47×10^{-9}
MAETP	7.20×10^{-9}	2.88×10^{-11}	4.03×10^{-8}
ODP	3.45×10^{-19}	5.86×10^{-21}	1.16×10^{-17}
POCP	1.35×10^{-10}	2.86×10^{-13}	3.83×10^{-10}
TETP	1.26×10^{-11}	1.50×10^{-12}	4.13×10^{-10}

由表 5.2 中可看出养殖过程中海水造成的总的环境影响要高于其他因
素，电力次之，然后是生石灰。从环境影响类型来看海洋水生生态毒性潜
值（MAETP）的环境影响最大，且远远高于其他类型。

如图 5.3 所示，电力产生的环境影响因素中海洋水生生态毒性潜值
（MAETP）的环境影响远远高于其他环境影响因素，紧接着为人类毒性潜
值（HTP）与全球变暖潜值（GWP）。

如图 5.4 所示，海洋水生生态毒性潜值（MAETP）的环境影响依然
远远高于其他环境影响因素，紧接着的为全球变暖潜值（GWP）与非生
物资源消耗潜值（化石）（ADPf），但全球变暖潜值（GWP）的环境影响
任远高于非生物资源消耗潜值（化石）（ADPf）。

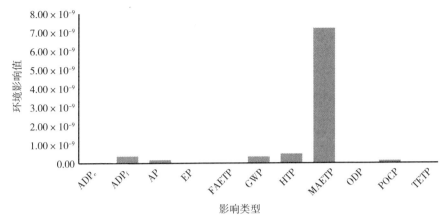

图 5.3　电力产生的环境影响因素比较

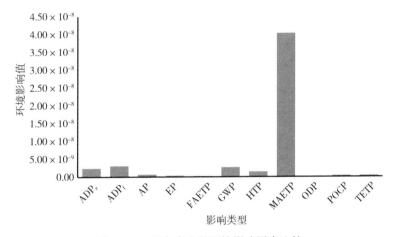

图 5.4　生石灰产生的环境影响因素比较

如图 5.5 所示，海水产生的环境影响中仍是海洋水生生态毒性潜值（MAETP）的环境影响远远高于其他环境影响因素，紧接着为非生物资源消耗潜值（化石）（ADP_f）、非生物资源消耗潜值（元素）（ADP_e）、全球变暖潜值（GWP）、人类毒性潜值（HTP）。

如图 5.6 所示，海洋水生生态毒性潜值（MAETP）的环境影响远大于其余所有影响类别的环境影响，紧接着分别为非生物资源消耗潜值（化石）（ADP_f），非生物资源消耗潜值（元素）（ADP_e）、全球变暖潜值（GWP）、人类毒性潜值（HTP）。

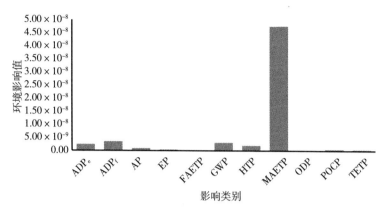

图 5.5　海水产生的环境影响比较

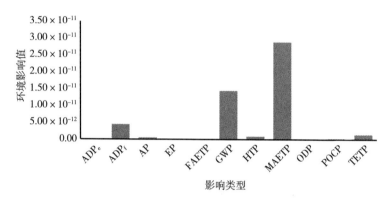

图 5.6　环境影响潜值比较

5.4　讨论及建议

　　根据大菱鲆养殖的生命周期评价结果发现，海洋水生生态毒性潜值（MAETP）是最大的环境影响类型。其原因是：大菱鲆对盐度和水温有较高要求，在人工养殖过程中受环境限制较大，为达到最佳的养殖效果，需使用电泵从深井中抽取海水进行养殖。在养殖过程中，残余饲料和鱼类排泄物等固体废弃物也排入附近的海水中，对海洋环境产生一定的影响。

　　对环境影响较大的因素包括：非生物资源消耗潜值（化石）（ADP_f），非生物资源消耗潜值（元素）（ADP_e）、全球变暖潜值（GWP）和人类毒性潜值（HTP）。为保持适宜的温度和水质，在大菱鲆的养殖过程中需使用供暖设备和电泵，这些设备均需消耗电力作为能源支撑。目前中国北方地区主要依靠火力发电，所以电能的消耗代表着煤炭资源的消耗，也会带来全球变暖潜值的增加。同时，全球变暖潜值也包括大菱鲆的生长过程中所产生的 CO_2。此外，人类毒性潜值则主要与生石灰的消毒使用过程与消毒后的排放废水有关。

为实现大菱鲆行业可持续性发展，实现国家"双碳"目标，建议企业将绿色发展贯穿于大菱鲆养殖过程中。大菱鲆养殖绿色发展指通过采用环保与可持续的养殖方法，减少对环境的负面影响，并确保养殖业在长期发展中能够保持生态平衡与资源可持续利用。以下是大菱鲆养殖绿色发展的具体可行措施：

（1）循环水系统：采用循环水系统可有效减少水的使用量与废水排放，降低对水资源的压力。该系统通过过滤与处理养殖水，使其可循环利用，减少养殖废水的排放，并提高水质的稳定性与净化效果。

（2）饲料优化：饲料是大菱鲆养殖过程中重要的影响因素，优化饲料配方可降低养殖过程中的废弃物排放。研发与应用高效、环保的饲料配方，可提高饲料的利用率，减少对环境的负荷，并改善大菱鲆的生长效果。

（3）生态养殖模式：生态养殖模式将养殖和自然环境融为一体，通过模拟大菱鲆的自然生境条件，减少对外部环境的依赖性。例如，建立人工浮筏等结构，提供适宜的栖息环境，促进大菱鲆的生长与繁殖，同时减少对沿海生态系统的干扰。

（4）疾病控制与健康管理：疾病是养殖业面临的重要挑战，合理的疾病控制与健康管理是实现绿色养殖的关键。通过加强疾病监测、疫苗接种、定期健康检查等措施，可减少疾病的发生与传播，降低药物使用量，减少对环境的污染。

（5）政策支持与产业规范：政府部门可通过出台相应的政策与法规，对实行绿色养殖的企业给予支持与激励。同时，制定相关的产业规范与认证标准，推动养殖业向绿色化方向发展，鼓励养殖者采取环保措施与可持续经营模式。

5.5 本章小结

本研究选择中国北方大连市一家大菱鲆养殖企业为研究对象开展进行生命周期评价研究。通过对大菱鲆养殖过程的企业调研，明确大菱鲆养殖流程，确定评价系统边界，建立大菱鲆养殖生命周期清单并运用 GaBi 软件进行评价结果分析。从大菱鲆养殖行业的发展及践行国家"双碳"目标出发，最终经过数据与表格分析得出结论如下：

（1）海洋水生生态毒性潜值（MAETP）的环境具有最大的环境影响贡献值，环境影响较大的其他类型包括非生物资源消耗潜值（化石）（ADP_f），非生物资源消耗潜值（元素）（ADP_e）等。

（2）为解决上述大菱鲆养殖过程识别出的资源环境问题，提出的改进措施包括建议企业在养殖过程中保证生长温度的同时改用如风能、太阳能、核能等清洁能源代替传统化石能源。提高饲料利用效率，实施精准投喂，降低饲料过量投放；同时对养殖用水进行有效循环利用，以此降低养殖废水的大量排放。

基于研究时间与研究数据的局限性，本章仅收集与研究大连市一家大菱鲆养殖企业的数据与环境影响，未来的研究将对其他大菱鲆养殖区域与养殖企业进行详尽的数据调研，以此提出更加精准的产业绿色发展改进措施。

参考文献

[1] 岳冬冬，吴反修，邱亢铖，等，2022. 全球主要海水养殖国家生产特征分析及其与中国平均价格的比较分析 [J]. 渔业信息与战略，37（1）：19-26.

[2] 雷霁霖，门强，2002. 大菱鲆人工繁殖与养殖技术讲座（I）[J]. 齐鲁渔业，19（9）：43-46.

[3] 赵辉，陈郁，张树深，2005. 环境管理工具：生命周期清单分析方法 [J] 环境保护，（1）：26-29.

[4] 樊庆锌，敖红光，孟超，2007. 生命周期评价 [J]. 环境科学与管理，32（6）：177-180.

[5] Krozer J，Vis J C，1997. ISO 14040：Environmental Management：Life Cycle

Assessment：Principles and Framework［J］. International Standard Iso.

［6］ Rosenthal H，Castell J C，Chiba K，1986. Flow-through and recirculation systems：report of the working group on terminology，format，and units of measurement［R］. European Inland Fisheries Advisory Commission. Rome：Food and Agriculture Organization of the United Nations，91.

［7］ 谢明辉，满贺诚，段华波，等，2022. 生命周期影响评价方法及本地化研究进展［J］. 环境工程技术学报，12（6）：2148-2156.

［8］ 王玉涛，王丰川，洪静兰，等，2016. 中国生命周期评价理论与实践研究进展及对策分析［J］. 生态学报，36（22）：7179-7184.

［9］ 郑秀君，胡彬，2013. 中国生命周期评价（LCA）文献综述及国外最新研究进展［J］. 科技进步与对策，30（6）：155-160.

［10］ 戚昱，2016. 基于LCA的城市环境影响评价研究［D］. 大连：大连理工大学.

［11］ 李静，2016. 基于LCA的水产养殖环境影响评价［D］. 上海：上海海洋大学.

［12］ 杨宇峰，赵细康，王朝晖，等，2007. 海水养殖绿色生产与管理［M］. 北京：海洋出版社.

［13］ 彭云辉，孙丽华，陈浩如，等，2002. 大亚湾海区营养盐的变化及富营养化研究［J］. 海洋通报，21（3）：44-49.

［14］ 杨建新，王如松，1998. 生命周期评价的回顾与展望［J］. 环境科学进展，6（2）：21-27.

［15］ Gephart J A，Henriksson P J G，Parker R W R，et al，2021. Environmental performance of blue foods［J］. Nature，597（7876）：360-366.

［16］ Hou H C，Shao S，Zhang Y，et al，2018. Life cycle assessment of sea cucumber production：A case study，China［J］. Journal of Cleaner Production，213：158-164.

［17］ Hou H C，Zhang Y，Ma Z，et al，2022. Life cycle assessment of tiger puffer（*Takifugu rubripes*）farming：A case study in Dalian，China［J］. The Science of the total environment，823：153522.

［18］ Cao L，Diana J S，Keoleian G A，et al，2011. Life cycle assessment of Chinese shrimp farming systems targeted for export and domestic sales［J］. Environmental science & technology，45（15）：6531-6538.

［19］ 王杰，张延青，刘鹰，等，2014. 基于生命周期评价（LCA）的2种大菱鲆养殖模式对环境影响对比研究［J］. 安徽农业科学，42（14）：4380-4383.

［20］ 杨宇峰，王庆，聂湘平，2012. 海水养殖发展与渔业环境管理研究进展［J］. 暨南大学学报，33（5）：531-541.